"十三五"普通高等教育本科部委级规划教材

羊毛衫生产工艺与设计

周　建　编著

中国纺织出版社

内 容 提 要

《羊毛衫生产工艺与设计》以羊毛衫生产工艺知识和技能为基础，以提升新产品开发设计能力为宗旨，对毛衫生产工艺流程、羊毛衫测量和规格尺寸的制定、横机结构与主要机件的功能以及如何解读与填写生产工艺单作了简要介绍；重点介绍了羊毛衫常用组织及其编织、羊毛衫生产过程、羊毛衫设计程序以及羊毛衫装饰设计与工艺、装袖类板型原理与生产工艺。同时将羊毛衫专业用语的书面语、企业用语及英文对照以附录的形式列在书后，以便读者参考。

本书可作为高等院校艺术设计专业与纺织工程专业针织方向的教材或教学参考用书，也可供羊毛衫行业工程技术人员、管理人员、营销人员以及所有编织爱好者参考。

图书在版编目（CIP）数据

羊毛衫生产工艺与设计/周建编著．—北京：中国纺织出版社，2017.5（2022.8重印）

“十三五”普通高等教育本科部委级规划教材

ISBN 978-7-5180-3547-2

Ⅰ．①羊…　Ⅱ．①周…　Ⅲ．①羊毛制品—毛衣—生产工艺—高校学校—教材 ②羊毛制品—毛衣—设计—高等学校—教材　Ⅳ．①TS184．5

中国版本图书馆CIP数据核字（2017）第093912号

策划编辑：孔会云　　责任编辑：符　芬　　责任校对：王花妮

责任设计：何　建　　责任印制：何　建

中国纺织出版社出版发行

地址：北京市朝阳区百子湾东里A407号楼　邮政编码：100124

销售电话：010—67004422　传真：010—87155801

http://www.c-textilep.com

中国纺织出版社天猫旗舰店

官方微博 http://weibo.com/2119887771

北京虎彩文化传播有限公司印刷　各地新华书店经销

2017年5月第1版　2022年8月第4次印刷

开本：787×1092　1/16　印张：10.5

字数：180千字　定价：49.00元

前言

回顾历史，中国有灿烂辉煌的服饰文明，有世界公认的“衣冠之国”的美誉。

20世纪80年代，改革步伐催生了中国“现代服装教育”的发端，新老教师共同奋斗，经过多年的努力，使中国服装教育走上了大发展之路。

我国的服装教育，不论是“服装设计与工程专业”，还是“服装与服饰设计专业”，较多培养的是机织服装方面的知识、理论与技术，取得了一定的成绩，一批批毕业生在企业中发挥着重要作用。

在现代服装教育中，针织服装方向与机织服装方向相比，明显薄弱。企业中很少有学校毕业生做针织服装设计或工艺师。我国虽然是针织服装生产大国，但不是针织服装设计强国。目前，羊毛衫企业中设计师有限，多为工艺师。他们大多是初中或高中毕业，在企业从拉横机开始慢慢过渡到工艺师，然后兼顾产品设计。这批人技术娴熟，然而缺少系统的艺术和设计方面的教育，审美难以适应新时代的要求，这些工艺师支撑着我国针织服装的过去、现在，但未来需要科学、技术与艺术相融合的综合人才，尤其是在“创新发展”新理念的驱动下，针织业需要迅速建立起一支羊毛衫设计师队伍。

广东是中国针织服装大省，现代化针织企业集中在常平、大朗、深圳、惠州，书中第一章羊毛衫工艺流程的图，都是作者在大企业亲自拍摄。广东的羊毛衫行业已从手摇横机跨越到电脑横机阶段，但学生还是要从手摇横机开始学习，亲自动手拉横机来编织毛衫样片，识别不同织物组织以及线圈结构和特性尤为重要。横机原理需要在操作中逐步掌握，只有了解了横机机件的功能与作用，才能轻松编织或缝合一件羊毛衫，为羊毛衫设计打下坚实的工艺技术基础。

本书在写作中，立足步骤式教学，从认识横机开始，通过不同织物，辨认线圈结构、意匠图、编织图以及符号表示；使没有接触过羊毛衫工艺的学生，也能不知不觉地入门；下一步再了解各种毛衫的板型原理与计算公式。然后慢慢进入设计教学，再教授羊毛衫特有的装饰手法以及应用设计案例，在此基础上提升产品的设计能力。

期盼有志攀登羊毛衫设计高峰的学生们耐心学习毛衫工艺与计算。粤语称工艺师为吓数师，因为掌握了生产技术对企业非常重要。艺术生的优点是艺术审美与形象思维，需要加强理性计算与技术方面的学习。理科生要成为优秀的设计师，必须全面通读前时代大师的作品，方能推出与众不同的设计与工艺。

本书的写作力求有所突破，追求实用、详细、步骤性强、信息量大、缩短学校教学与企业实际生产之间的距离。在成书过程中得到了许多朋友的支持与帮助，在此十分感谢。任何设想都难免有疏漏，望同行不吝提出意见或建议，以便后续补充完善，为我国针织服装教育贡献力量。

周　建

2017年于广东白云学院

目录

第一章　概述

本章知识点

1. 初步了解羊毛衫生产工艺流程。
2. 掌握羊毛衫各部位的测量方法，认识成衣规格尺寸制订的意义。
3. 认识横机外观结构与机件名称，并了解其功能、作用。
4. 解读与填写羊毛衫生产工艺单。

第一节　羊毛衫生产工艺流程

一、制定生产工艺流程的意义

羊毛衫生产工艺流程制定得是否合理，对降低企业生产成本、争取更多利润、提高生产效率、缩短生产周期等都有直接影响。严格把握工艺流程中的每一环节是企业产品质量的保证，在市场竞争中也起着非常重要的作用。因此，了解羊毛衫生产工艺流程必不可少。

二、生产工艺流程的要求与作用

羊毛衫生产工艺流程从上蜡工序起，一直到装箱发货共13个环节，如图1－1所示羊毛衫生产工艺流程。

1. 上蜡　羊毛衫编织之前，给纱线上蜡，目的是促使纱线顺滑，避免编织时断纱与减少损耗，同时提高编织速度。

2. 织片　根据款式特点与生产工艺设计，操作者按要求编织前片，从起口、罗纹转纬平针及收夹花、开领、落片等程序，包括织物组织都在织片过程中完成。最简单的套头衫有身前、身后各一片，袖左、袖右各一片，领罗纹一片，一共织五片。

3. 缝合　羊毛衫缝合有专用的缝盘机。根据织片的横机型号选择对应的缝盘机，将织片缝合成具有立体感的羊毛衫。

4. 挑撞　挑撞是指缝合后将间纱拆除，埋线头，缝领、脚（下摆位置）、袖口，补漏针、豁边、破洞等。大型针织羊毛衫企业专设挑撞车间。

5. 洗水　洗水包括缩绒、去污、柔软三个环节，通过洗水使羊衫织物具有光泽与柔软的手感，更具良好服用性能。

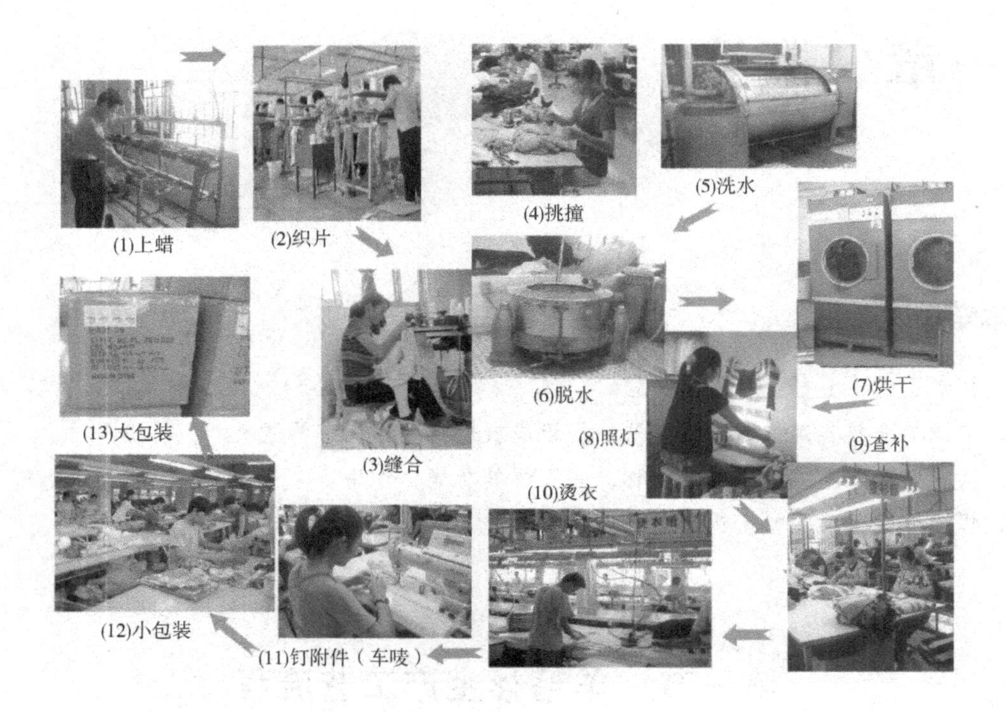

图1-1　羊毛衫生产工艺流程

6. 脱水　脱水在离心脱水机或洗缩机中直接洗后脱水。使织物在4min左右脱去所含水分，脱水后的含水率在20%～35%，之后再烘干为宜。

7. 烘干　烘干的目的是加速织物干燥。棉纱产品一般用高温烘干40～45min，不用过冷风。羊毛、羊仔毛、雪兰毛、兔毛等混纺产品一般用中温烘干20～25min，也不用过冷风。人造毛、丝绒产品一般低温烘干15～18min，需过冷风5min。

8. 照灯　照灯的目的是对羊毛衫缝合后进行检查，通过亮光检查织物线圈是否漏针，尤其羽状毛纱必须采用照灯这一手段检查。若发现脱圈，用与羊毛衫织物色差较大的线头作记号。

9. 查补　根据检查结果的记号，全部手工修补整理。大型羊毛衫企业专设查补车间。

10. 烫衣　按规格尺寸选择相应板型，用蒸汽熨斗定型熨烫与整理。

11. 钉附件（车唛）　这一环节是装拉链，钉纽扣，及缝商标与配饰等。

12. 小包装　检验每一件成品是否有工艺缺陷及次品，再配吊牌，之后每件成品衬上夹纸版，折叠整齐装入塑料袋。

13. 大包装　装箱多以单色单码，也有单色杂码或多色单码的形式。总之，根据客户要求选择其一。

对于有特殊装饰工艺的羊毛衫款式，如绣花、补花工艺，要在片状时进行。如果是烫钻工艺，可在成衣熨烫与整理后进行。总之，按工艺要求可行性插入上述某一环节之间。

羊毛衫生产工艺流程有三次查衫修正，4、8和9环节，也有的在片状时就要查一次，那么总共就四次检查整理，这样是为了确保羊毛衫的质量。

第二节 羊毛衫测量和规格尺寸的制定

羊毛衫测量分人体测量和成品测量两项。人体测量可以作为某个人羊毛衫成品尺码的依据。若是大批量生产，应依据羊毛衫系列成品规格表（表1－1和表1－2），再根据羊毛衫款式设计要求作相应的选择或调整。

人体测量时必须使用厘米制软尺，以求标准单位的规范和统一。测量要认真观察人体体形的共同点和特殊点，软尺松紧适宜，按规定顺序进行测量并作记录。人体测量是羊毛衫设计师、工艺师必须掌握的一项技术。

一、羊毛衫测量部位与测量法

羊毛衫在人体上主要测量部位如图1－2所示。

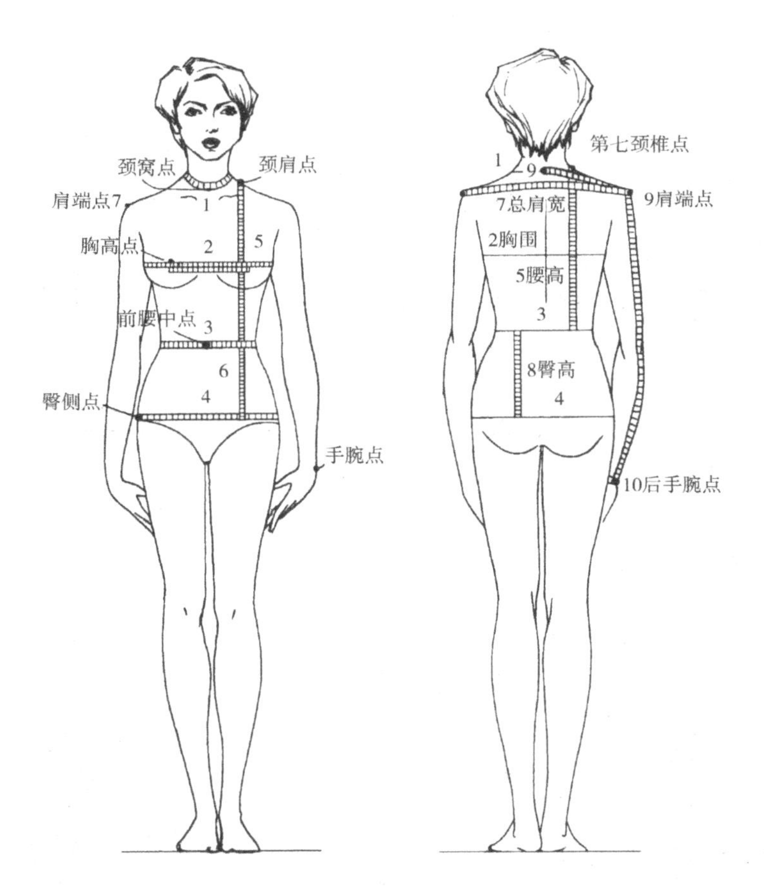

图1－2 人体上羊毛衫主要测量部位

1. 领围 在颈根部绕一周，从前颈窝点，后经第七颈椎点，会合前颈窝点，加1cm松量。

2. 胸围 在胸高点（乳房最高点）水平绕一周，加4～16cm松量，4cm为紧身，8cm为合体，12cm为松体，16cm为特松。

3. 腰围 在腰最细处，经前腰中心点，水平绕一周，加10cm松量。

4. 臀围 在臀部最丰满处，持水平围量一周，加4cm松量。

5. 腰高 从颈肩点向下通过胸高点至腰最细处，向上1cm调整织物下垂。

6. 衫长 从颈肩点经胸高点至腰最细处，直至臀围最丰满处。

7. 肩宽 左肩端点至右肩端点的距离。

8. 臀高 从腰围处至臀部最丰满处的距离。

9. 袖长 从肩端点至后手腕点的距离为装袖长。从后第七颈椎点经肩端点直至后手腕点为插肩袖长（后中度）。

10. 袖口宽 在后手腕点水平围量一周，加5～7cm松量。

二、羊毛衫成品各部位名称与测量法

羊毛衫成品各部位名称与测量法如图1－3所示，图中数字为下面介绍各部位的序号。

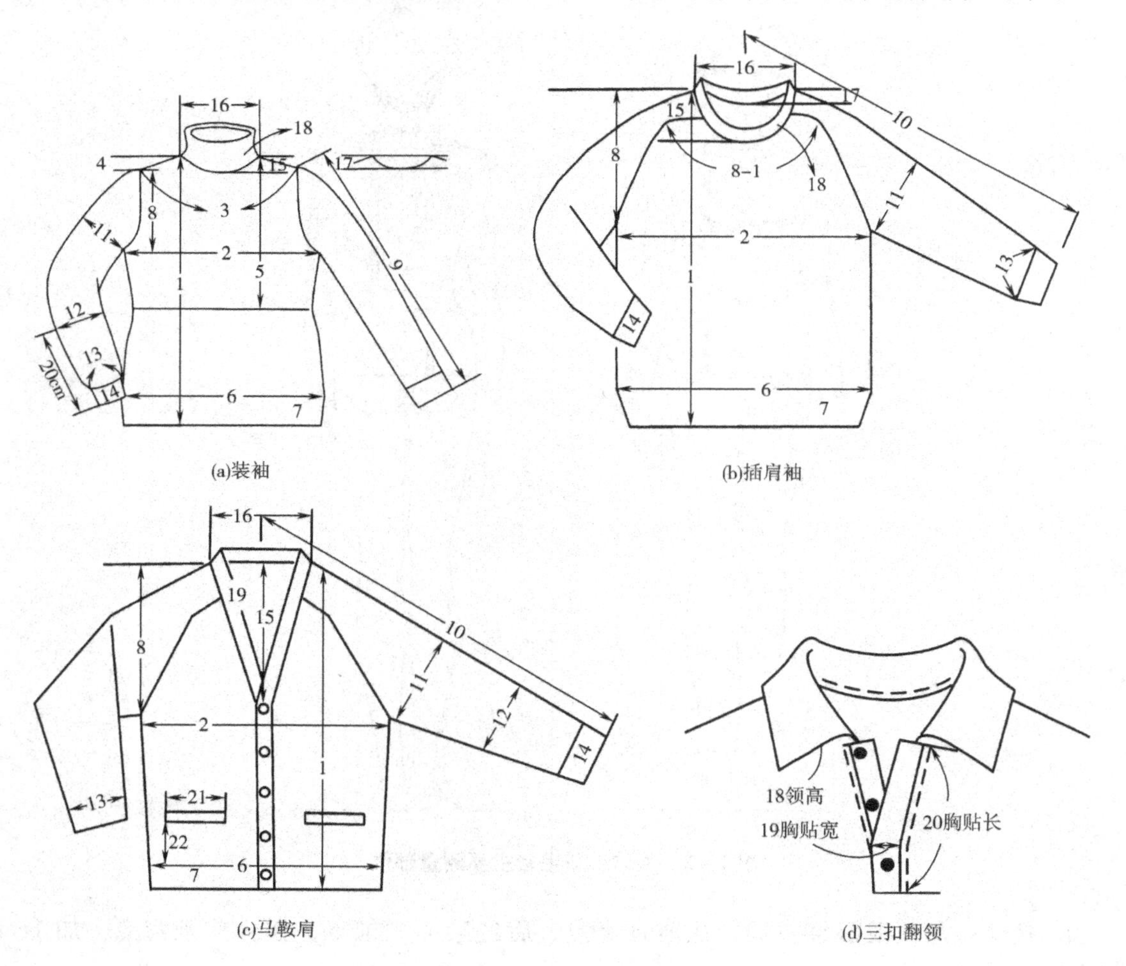

图1－3 羊毛衫成品主要测量部位

1. 衫长　领贴边至衫脚（衣底摆）底边的尺寸。

2. 胸宽　夹下2.5cm处横量的尺寸。

3. 肩宽　从左肩缝直至右肩缝的尺寸。

4. 肩斜　领边底缝至肩端缝的尺寸。

5. 腰高　领边底缝直下腰部最细处的尺寸。

6. 脚宽　羊毛衫底摆罗纹上面横量的尺寸。

7. 脚高　俗称罗纹顶度，指罗纹处竖量的尺寸。

8. 夹深/夹宽　也称挂肩。夹深指肩缝至夹底垂直量的尺寸（装袖类），或领边水平至夹底的距离［图1－3（b）插肩袖］。

8－1. 夹宽　两夹顶端点之间的距离（图1－3（b））。

9. 装袖长　肩缝至袖底边之间的尺寸。

10. 插袖长　从后领中间至袖底边斜量的尺寸，又称“后中度”。

11. 袖宽　袖夹下2.5cm处横量的尺寸。

12. 袖中线　从袖口边向上垂直20cm横量的尺寸。

13. 袖口宽　袖罗纹上与纬平针交界横量的尺寸。

14. 袖口高　袖口罗纹位置竖量的尺寸。

15. 前领深　领边水平线至领窝平位缝线之间的尺寸。V领深指领边垂直至第一粒纽扣之间的尺寸。

16. 后领宽　左边领缝线至右边领缝线间的尺寸，俗称“领宽外度”。

17. 后领深　后领边线至后领窝平位缝线之间的尺寸。

18. 领高　领罗纹、四平或圆筒组织的高度尺寸。

19. 胸贴宽　T恤衫胸贴边至缝迹间的尺寸。

20. 胸贴长　胸贴上、下之间的尺寸。

21. 袋宽　从袋左边缝至右边缝的尺寸。

22. 袋高　另上袋贴的以脚罗纹上至袋贴下缝之间的距离。

23. 腰带长　羊毛衫腰带长度尺寸。

24. 腰带宽　羊毛衫腰带宽度尺寸。

三、羊毛衫规格尺寸的制订与应用

1. 成品规格“号型”建立的意义与价值

羊毛衫成品规格“号型”的建立，体现先进的管理运营与积极的销售态度，反映生产管理中的一项重要技术指标，更是以人为本管理模式思想的体现。正规化批量生产，建立成品规格“号型”系列化是标志一个企业现代化的基本原则。

2. 成品规格“号型”的特点

羊毛衫成品规格设置以厘米（cm）为单位表示，包括男、女羊毛衫成品规格。该成品规格档次全、跨度大，“号型”之间连续性强。不仅覆盖消费者面大，还便于产品销售等。该成品规格设置具有极大的实用性和可实施性。

3. 女羊毛衫成品规格的应用

女羊毛衫成品规格的“号”以人体身高4cm为档差，在150～174cm身高范围内共设置7个档差。“型”以胸围跨度5cm跳档，胸围在80～110cm范围内档差与其“号”匹配，形成女羊毛衫4.5系列成品规格。女羊毛衫4.5系列成品规格见表1－1。

表1－1　女羊毛衫4.5系列成品规格　　单位：cm

号型 / 成品规格 / 部位名称	XXS	XS	S	M	L	XL	XXL
	150/80	154/85	158/90	162/95	166/100	170/105	174/110
衫　长	55	56	57	58	59	60	61
胸　宽	42	44	46	48	50	52	54
肩　宽	34	35	36	37	38	39	40
肩　斜	2.5	3	3	3.5	3.5	3.5	3.5
夹　深	18/22	19/23	20/23	21/24	21.5/25	21.5/26	22/27
腰　高	34	35	36	37	38	39	40
脚　高	5	5	6	6	6	6	6
袖　长	50/70	51/71	52/72	53/73	54/74	55/75	56/82
袖　宽	15.5	16	16.5	17	17.5	18	18.5
袖　口	10	10	10.5	10.5	11	11	11.5
袖　罗	4	4	4	4	4	4	4
后领宽	15.8	16.2	16.6	17	17.4	17.8	18.2
前领深	7.0	7.2	7.3	7.4	7.5	7.6	7.8
领罗纹高	2/4	2/4	2.5/4	2.5/4.5	2.5/4.5	2.5/4.5	2.5/4.5
袖中线	11.5	11.8	12.1	12.4	12.7	13.1	13.6

女羊毛衫4.5系列成品规格囊括了中国女性体型的绝大多数，7档中两端XXS和XXL档是少数。由于羊毛衫特有的弹性特征，中间5档已基本能够满足95%消费者的需求。为避免生产过量，造成产品积压，若选XS、M、XL三档也可获得80%左右的消费者。虽然“号型”档次减少，但其跨度不变，从消费者对羊毛衫有内、外穿的不同要求，以及宽松与紧身的习惯，S档上浮到M档，或者XS档上浮到M档也是客观存在的现象，这一群体是较矮又胖者。而对于年轻女性中又高又瘦者XL档下落于M档也属正常，身高差距主要在下半身。因此，该“号型”制订与选择主要依据是胸围尺寸。

羊毛衫企业根据款式设计的宽松特点，可以上浮“号”。例如，M档人身高162cm的“号”与L档胸围100cm“型”组合，即衫长尺寸不变，从胸宽以下各部位应用“L型”系列尺寸，组合后形成162/100号型。特别说明的是，该成品规格为原型“号型”尺寸，应用时根据具体款式灵活变化，以适应羊毛衫外衣化、时装化的需求。

该成品规格领罗纹高的/之前的数字是低圆领高尺寸，/之后的数字为中圆领高尺寸。领围的/后是英寸，因为羊毛衫缝盘机上以英寸作标记，所以成为羊毛衫生产环节中检验技术指标的行规。另外，该成品规格不仅针对装袖型的圆领弯夹斜肩款式，还适应插肩型。例如，袖长的/之后的数字为三点测量尺寸，即第七颈椎点至肩端点再到后手腕点，又称“后中度”，是插肩型羊毛衫袖长必须掌握的成品规格尺寸。

4. 男羊毛衫成品规格的应用

男羊毛衫成品规格其“号”以人体身高2cm为档差，在168～180cm人体身高范围内共设置7个档次。“型”以胸围跨度4cm跳档，胸围在100～124cm跨度与其“号”匹配，形成男羊毛衫2.4系列成品规格如表1－2所示。

男羊毛衫成品规格应用中的档差与上浮“号”问题与女羊毛衫相同，各企业根据产品设计需求适度调整。

表1－2　男羊毛衫2.4系列成品规格　　单位：cm

号型 / 成品规格 / 部位名称	XXS	XS	S	M	L	XL	XXL
	168/100	170/104	172/108	174/112	176/116	178/120	180/124
衫　长	65	66	67	68	69	70	71
胸　围	100	104	108	112	116	120	124
肩　宽	39	40	41	42	43	44	45
肩　斜	3.4	3.6	3.8	4.0	4.2	4.4	4.6
夹　深	21/26	21.5/27	22/28	22.5/29	23/30	23.5/31	24/32
脚　宽	45	47	49	51	53	55	57
脚　高	6	6	6	6	6	6	6
袖　长	57/77	58/78	59/79	60/80	61/81	62/82	63/83
袖　宽	18	18.3	18.6	18.9	19.2	19.5	19.8
袖　口	11	11.3	11.6	11.9	12.2	12.5	12.8
袖　罗	4	4	4	4	4	4	4
后领宽	17	17.3	17.6	17.9	18.2	18.5	18.8
前领深	8	8.2	8.4	8.6	8.8	9	9.2
领罗高	2/4	2/4	2/4	2.5/4.5	2.5/4.5	2.5/4.5	2.5/4.5
袖中线	13	13.2	13.4	13.6	13.8	14	14.2

注　1. 袖长的/之前的数字是装袖尺寸，/之后的数字为插肩的后中度尺寸。

2. 夹深的/之前的数字是装袖尺寸，/之后的数字是插袖的夹深尺寸。

3. 领罗高的/之前的数字为低圆领罗纹高尺寸，/之后的数字为中高圆领罗纹高尺寸。

第三节　横机的结构与主要机件的功能

不论对于生产者还是设计师来说，了解横机外观和机件名称与功用，都是为了更好地掌握横机操作要领、熟悉操作步骤，使之动作标准，从而确保产品质量，这是羊毛衫生产必须掌握的知识，尤其是提高操作者素质的重要一课。

一、横机的结构

横机三维结构图更适合初学者认识，从图1－4的横机三维结构图中可以看到35个机件的位置与名称，后针板上名称与前针板是对应的，通过下面文字进一步了解与熟悉横机。

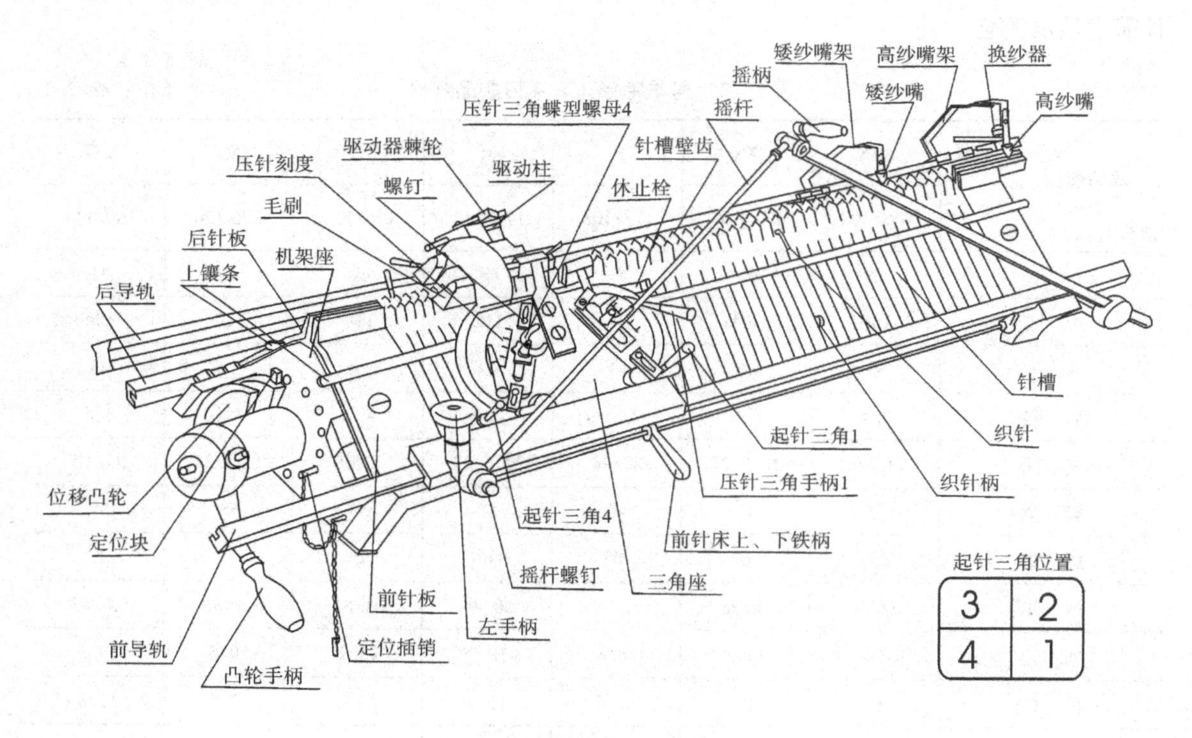

图1－4　横机三维结构示意图

二、主要机件的功能

1. 三角座与起针三角开关　三角座是横机结构中最主要的部分，也称“机头”，像马鞍型骑在机架座的前针板和后针板上，沿前、后导轨横向往复移动。四个起针三角 开关对应安装在前、后针板的三角座上，它们的具体方位如图1－4所示右下图四个方格内的数字，它们分别控制前针板、后针板织针的成圈过程。起针三角有两种形式，一种是起针手柄式，向上为关、向下是开启。另一种是起针推杆式，向外拉是开，推进是关，如图1－5三角开关示意图。

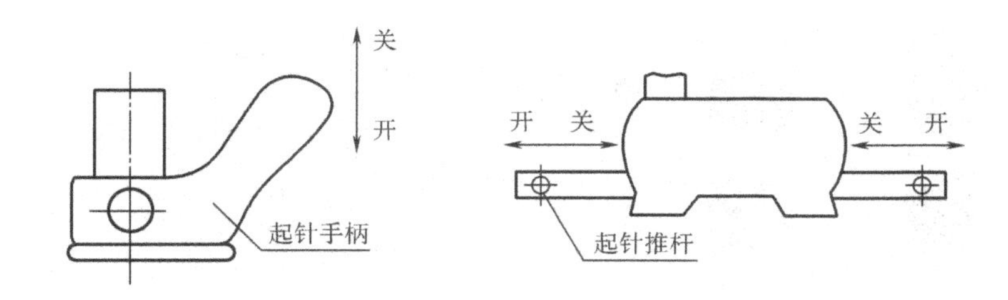

图1－5　三角开关示意图

2. 起针三角管理的功能与工作方向　起针三角管理负责编织的开始和停止。1、4起针三角管理承担前针板的编织工作，2、3起针三角管理负责后针板的编织工作。双针板同时工作，三角座拉向左时是3、4起针三角管理一起工作，三角座拉向右时1、2起针三角管理一起工作，参见图1－6起针三角管理工作方向示意图。后针板不需要工作时，可以关闭2、3起针三角管理，反之同理（黑底表示工作状态，白底表示停止状态）。

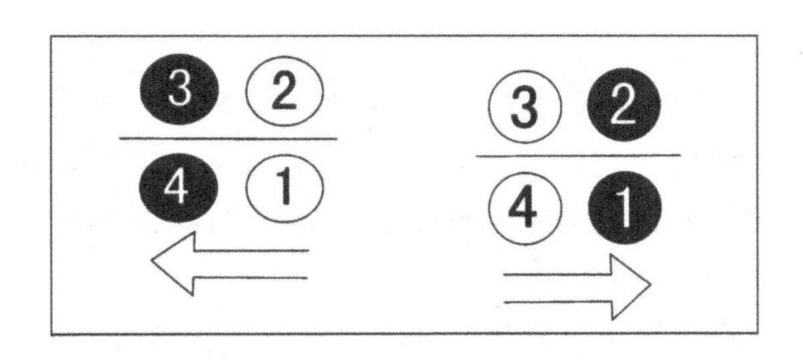

图1－6　起针三角管理的工作方向示意图

3. 调节织物密度　每编织一款羊毛衫新产品都需要调节织物密度。横机三角座上共有对应的四个压针三角蝶型螺母（图1－7），逆时针旋转即松开，随后上推压针三角蝶型螺母，塞满字码卡片，之后顺时针旋转固定蝶型螺母，再编织时线圈变小，织物紧密；下拉压针三角蝶型螺母，抽出字码卡片，之后顺时针旋转固定蝶型螺母，编织时线圈变大，织物疏松。根据工艺需求随时增、减字码卡片，从而达到调解织物密度的目的。

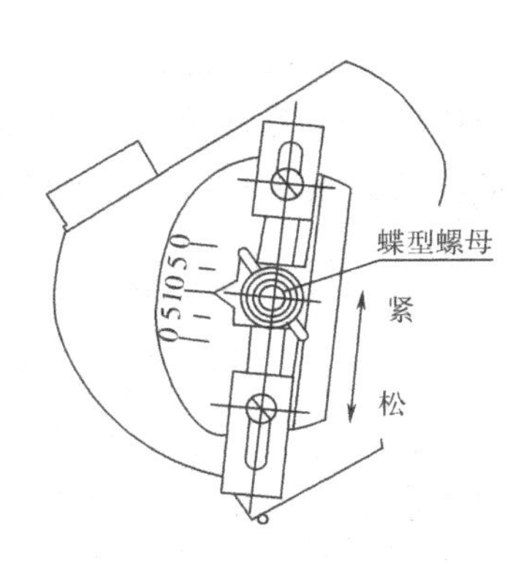

图1－7　压针刻度示意图

如果织物上、下行线圈大小密度不一致，调节哪个蝶型螺母和字码卡片呢？举例说明：编织纬平针组织是在前板做，一定用异色线在某个线圈上织一针，这时三角座若从右拉向左，编织若干转后落片，如果记号后第1行紧，那将调节1号字码卡，抽出一张，若还紧需继续抽，直到线圈等大为止。如果记号后第2行紧，即由左向右行，抽4号字码卡一张。后针板同此道理。密度三角管理方向示意图如图1－8所示。

4. 后针板移位　在机架座左下有两个定位插销（图1－9），左手压下凸轮手柄，当听到“哒”的声音时，后针板左移了一个针距，左手上提凸轮手柄，同样“哒”的一声，后针板

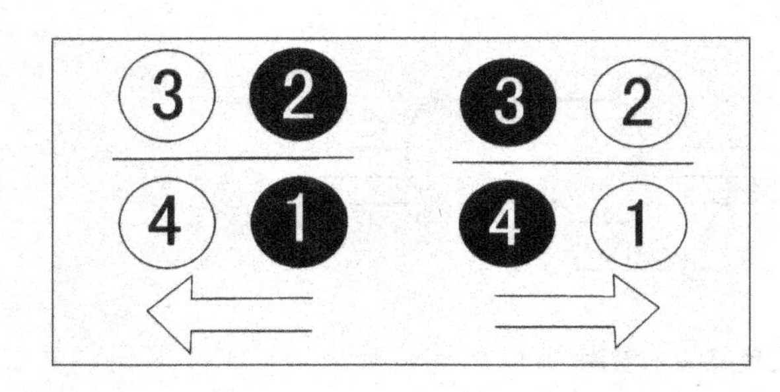

图1-8 密度三角管理方向示意图

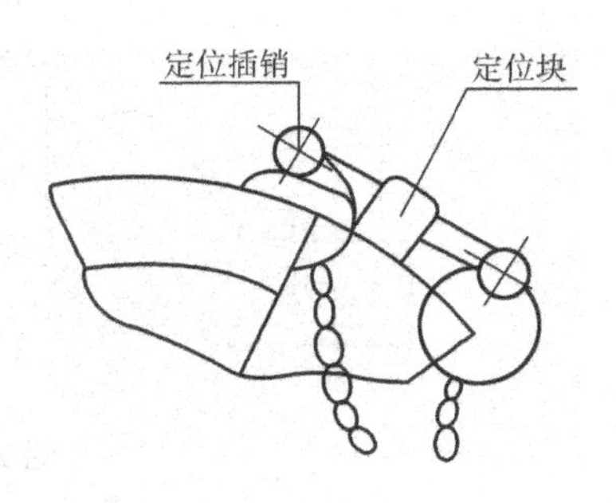

图1-9 定位应用示意图

右移了一个针距。若需要移半个针距，扳动凸轮手柄同时目测后针板移动与前针板织针错位对应位置，再将定位插销塞进定位块两侧小孔中，达到限制后针板移动的目的。

5. 前针板落下和推上的作用 前针板上、下铁柄落下目的是挑脱落的线圈。左手下压前针板上、下铁柄，如图1-4横机三维结构示意图中部，前针板可落下，脱圈被挑好，上提或推上铁柄，前针板即可复位。

6. 带线与换线的方法 编织时需要三角座（机头）带动一个纱嘴架，用手旋转驱动器棘轮，使上驱动柱凸出，推动机头向右轻轻撞入矮纱嘴架，就可带动其运行，如果预带动高纱嘴架，必须旋转驱动器棘轮使下驱动柱凸出，便可带动其运行，如图1-10所示棘轮示意图。

7. 换破损针 拉动上镶条至破损织针处，取出坏掉的织针后，安上新织针，并用压针板压住织针慢慢推动上镶条至全部覆盖恢复原状态（图1-4横机三维结构示意图）。

8. 高、矮纱嘴的应用 编织配色横条织物时，将主色（红色）穿入矮纱嘴中，高纱嘴穿入配色（白色）。先使用矮纱嘴架编织2转红色，机头到右边，稍用力撞击高纱嘴架上所带动的白色，继续编织1转，机头到右边，再带动“矮纱嘴架”。如此轮换，漂亮的横条织物就完成了，如图1-11所示横条织物。

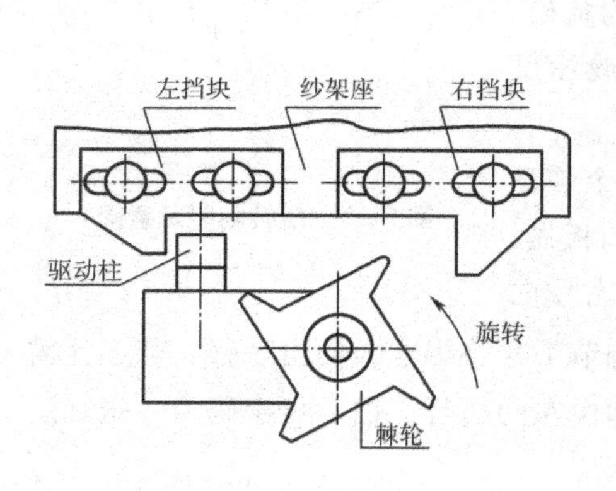

图1-10 棘轮示意图

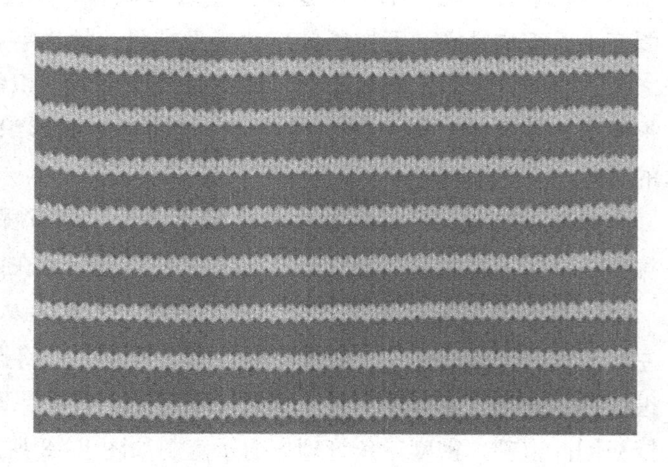

图1-11 横条织物

第四节 解读与填写羊毛衫生产工艺单

工艺单是表述羊毛衫生产工艺过程中的重要技术参数、工艺技巧、款式特征及相关数据资料的图纸，也可以说是生产工艺的指导书。根据一个新产品生成时间顺序应该有两种单，先填写样板生产通知单，后填样板生产工艺单，各企业虽然表格形式有别，但表述的内容基本相同，所以通过下面的讲解，将具备解读与填写两单中各项技术指标的知识与能力。

一、样板生产通知单

样板生产通知单主要包括六大方面内容：单头（最上面），单尾（最下一横列），部位尺码（左侧），款式名称、毛纱品质、成品重量及针型数量等（右上五横列），款样、色号及配料（右中左、右两栏），工艺说明（右下栏），具体内容可参见第四章表4－9男装圆领入夹格子长袖衫生产通知单。

1. 单头 样板生产通知单首先由客户发给加工羊毛衫的企业，因此，有些外单是英文表述，这里附中文表述。而样板生产工艺单是企业生产用单，二单一款，单头要基本保持一致。有所区别的是单号，是指该单款样在某企业给客户第一次生产时间的编号，如有二次生产的情况，款号相同，而单号则不同。发单日期是指客户发给某企业该单的时间，企业一般在一周内打好初板。单尾的交板日期一定比单头发单日期晚一周。而单头“初”字表示加工羊毛衫的企业给客户的第一次样板单，待客户再发回来，会在该单的规格尺码位置直接改写新的数据，或在样板生产工艺单上另附评语及具体改进说明，还有的随样衣附上改进意见。

2. 单尾 “制单人”要填上该款式工艺计算师傅的姓名，与样板生产工艺单上“制单人”是一个工艺师傅。“主管”一般指工艺计算室的总负责人，即样板房总管。“复核”是指负责生产管理的总负责人，即企业生产管理的总经理。

3. 部位尺码 部位尺码通常由客户提供，工艺师傅也会根据客户对产品要求制订出更具体的规格尺码，逐一写出款式各部位的尺码数据，通常以cm为单位，也可以英寸表示。

4. 款式名称、毛纱品质、成品重量及针型数量等

（1）款式名称，首先写明产品的服用者性别，其次以款式造型，领、夹或肩、袖型，收腰以及织物组织特点的顺序起名。

（2）毛纱线密度，通常公制支数（公支）写在/前，股数填在/后。毛纱筒内均有标签，可以直接参考。其后再写出含棉或含毛比例和毛纱的中文或英文名称。毛纱通常用公制支数（公支）表示，有需要的地方请用国际单位制特克斯（tex）。

例1：48/2公支100%精纺羊毛（wool），

例2：28/2公支55%羊绒（cashmere）45%棉（cotton）。

（3）成品重量是落机重量＋消耗毛重量。落机重量是所有落机织片的总和。消耗毛是指纱线水分损耗、过腊飞纱损耗、编织过程飞纱损耗。各类款式消耗毛也不尽相同。一般单边、罗纹组织增加6%的消耗毛，如果是收假领要添加8%，满针四平或横条间色组织消耗毛增加10%，易断的纱也要加10%或12%，提花组织高达15%的消耗毛。

（4）交货日期指客户审批企业发回的样板生产工艺单后，企业按客户要求，开始大批量生产，待完成后的交货时间。

（5）交毛日期，我国大中型针织企业均属于来料来样加工型，因此一批大货做好后，剩余的毛纱需交还给客户，一般与交货日期时间相同。长期合作的也有将剩余毛纱留在企业，待此款样再生产用。

（6）客名是指外单商家或某贸易公司的名称。

（7）客号是指外单商家或某贸易公司的名称代码。

（8）机型是指该款式用横机的型号，与样板生产工艺单上机型标注相同。

（9）缝盘，标明用几号缝盘做该样板生产通知单上的款式。

（10）数量和件批板之间写数字“1”，是指一件样衣。批板后的数字为客户批准样衣后大货的生产数量。

5. 款样及色号、配料

（1）款样是此单款式平面图，通常用铅笔、钢笔或CorelDraw制图软件表现。

（2）色号，客户给样衣是一个颜色，而批板也许还有二、三、四种色，需要企业自备毛纱的，外单客户通常提供毛纱色样，分别在A、B、C、D色样后标出生产的打数。

（3）配料，逐一写清楚款式需配的拉链、机织布、花边或扣子等，没有可不填。

6. 工艺说明 工艺说明即客户对加工羊毛衫厂家针对某一款式提出的总体工艺要求，其内容主要有组织要求、大身和脚（指衣摆）、袖口、领片，收花位置和针数，间色要求、（具体到几转换什么色的描述），膊（指肩）加配色棉带，全件重量的控制，字码与手感，纽扣、拉链及装饰工艺要求。下面是一件女樽领长袖衫的工艺要求描述。

①全件做单边。

②夹圈收花、缝完面见2支（针）边针。

③领、袖口及衫脚作手挑。

④后膊作收花。

⑤重量控制在180g/件。

⑥手感要柔软。

二、样板生产工艺单

样板生产工艺单主要包括以下五大方面内容。左上四格描述公支、根数、织物、横拉密度英寸值、毛纱品质与密度等；左中含落机重量、竖拉密度英寸值、收花数与生产数量；左下工艺与操作说明；右上两横列包括款名、机型与缝盘、制单人、客名、客号等；右下大格附详细工艺计算的表述（见表4-10男装圆领入夹格子长袖衫生产工艺单）。

1. 公支、根数、织物、横拉密度英寸值和毛纱品质及密度

（1）公支、根数、织物、横拉密度英寸值和毛纱品质。第一横格在/前填写毛纱支数，/后填写股数。“毛”和“条”之间是指该款式用毛纱根数的总合。随后填大身和袖的组织名称，“大身”和“袖”常用纬平针组织，俗称“单边”。所谓单边，只在横机前针板操作，因而“底”字要划掉。“支拉”是指该款所用单边10针横拉密度的英寸值。一般3.5～9G机型以10针计算，12G以上细机型以15针计算。那么，此款用7G横机制作，即在10针范围内用力横拉到极限，再测量得2－6/8英寸，如数填上。“毛纱品质”另一行表述即可参考附录“羊毛衫常用织物组织书面语、企业用语及英文对照”。

第二横格是该款式的“脚和袖口”填写。20/2，毛4条均同上。脚、袖口采用罗纹。“坑”是指罗纹正、反针的一个循环，由于1×1罗纹5坑是10针，而2×1罗纹的5坑是15针，因此以“坑”为单位更准确。罗纹属于双层织物，“底、面”两字保留，用“5坑拉3－3/8英寸”来表示。随后还是“毛纱线密度”，同上表述。

（2）密度的填写。第三横格通常填“身和袖”密度数值，三个数值顺序是横密针数×纵密转数×拉力值。前两位数表示1cm^2内所用组织的横密针数和纵向转数。第三个数“拉力值”是指衫片落机后纵向拉到极限所测量的英寸数值，再除以衫片总转数得到的就是纵向拉力值，通常小数点后保留两位。

前片纵向拉（40－1/8英寸）÷167转＝0.24011976≈0.24

后片纵向拉（39－7/8英寸）÷166转＝0.23915663≈0.24

袖片纵向拉（34－3/8英寸）÷143转＝0.23986014≈0.24

第四横格密度是指衫脚、袖口、领罗纹样片1cm^2内的转数记录。

2. 落机重量和各片拉力值及收花数

（1）落机重量。是指衫片刚下机时的片状重量，按前、后、袖、领分别称重。羊毛衫行业有非常专业的秤（图1－12），外圈是公斤（kg）、中间是磅（lb）、里圈是盎司（oz）。通常内销以“克”为单位，外销以“磅”“盎司”为单位。例如，表4－10中以“克”为单位分别记录了前、后、袖、领的落机重量。

图1－12　毛衫行业专业秤

每件衫重是指上述所有片落机重量之和。

例如，前182.7g＋后182.1g ＋袖188.6g ＋领47.7g＝601.1g

每打衫重是指12件落机重量的总和，即601.1g×12＝7213.2g。

每打衫重有了，即可按照落机重量＋消耗毛重量求得成品重量。

成品重量＝7213.2g ＋（7213.2g×15%消耗毛）＝8295.18g

成品重量用“磅”表示，将克换算成磅，见附录9羊毛衫有关单位的换算。

即：8295.18g÷28.3495 ≈ 292.6盎司

292.6盎司÷16≈18－3/16磅

（2）全长。这里记录的“全长”即“纵向拉力值”，已在“密度的填写”中阐述。

（3）收花数。收花属于羊毛衫工艺技术，由于呈现于外观，有明显的艺术效果，因此客户很重视，常有明确的要求。比如，12G横机单边组织常以“面”见2支花表示，缝耗2支，因此共4支边；较粗纱线可以设计3支边，因缝耗是1支，“面”当然还余2支花，表4－10的7G男装圆领入夹格子长袖衫就是3支边。更粗的机型设计2支边也可以。总之，根据横机型号与缝耗变更，并标注“面”留几针更准确。

3. 工艺与操作说明 “工艺与操作说明”与“样板生产通知单”中的工艺说明表示相近，是指工艺计算师对横机操作者的工艺技术指导。常对肩、夹结构，罗纹，提花等作具体说明。以表4－10男装圆领入夹格子长袖衫生产工艺单为例。

①该款为肩缝。

②领、袖口、脚用2×1罗纹。

③前、后、袖3支边收花。

④格子31针×28转，两边43针。

⑤所有缝线不可过紧。

4. 款名、客名、客号和制单人 此项填写全部与样板生产通知单一致。

5. 工艺计算 工艺计算俗称“吓数”。通常先徒手按公式计算写好，相当于草稿，然后在Photoshop中找到所需款式“空板型”，填好吓数计算后，保存jpg格式图片。样板生产工艺单是在Word中做，利用界面“插入”窗口左键找“图片”“来自文件”，其后找到保存的jpg格式图片吓数计算文件，点击，再插入“样板生产工艺单”右下角位置即可，清晰工整。圆领、V领、插肩、马鞍肩各种空板型均在附录中备份。

（1）工艺计算写法。具体内容的格式要求，在“空板型”中一定由下向上填写，与羊毛衫生产加工程序一致，便于操作者阅读。前片、后片、袖片、领贴等分别填写。开针数填写在衫片下。如表4－10中，前片：203支，斜1支，圆筒1转，又如表4－18中，前幅：开354支，面包圆筒1转，这是两种排针方法，参考附录10罗纹排针方式。罗纹位置内标注1×1或是2×1，以及编织总转数。

衫大身位置“单边”组织首先填好，相同操作需在一横列写完。起首字左面对齐。“收花”不论分几段都要囊括在括号内，其后标注“3支花”或是“4支花”。“无边”是指在织物边缘采用“移圈式明减针”的工艺操作（图3－12）。“1/2扭位”是指衫身的第一针与第二针移圈调换位置，视觉与触觉都呈现较硬的感受，作为袖和身连接时的记号。“挑孔”也是记号，与“扭位”的作用相同，通常应用在后领窝和袖中的记号。

“放眼半转，毛1转”是指抽字码卡用半转，使织物稀松一些，便于上盘缝合，再用正式毛线编织1转。“纱”是指缝合时要拆掉的纱线，也称“间纱”，由于电脑横机一个程序反复编织，不必重新起口，因而产量高，“间纱”起到片与片之间连接的作用。

“中空1支直上”通常用在开衫前片和帽片上。开衫和帽片左右两片呈对称形，若分两次起口浪费时间，还像套头衫一样左右一起编织，中心1针不工作一直向上编织，中心呈现稀松横线，即“中空1支直上”，待缝合时剪开分别缝，省工且快捷。

“英寸的表示”，比如：1 -4/8 英寸或 12.5/8 英寸；前者用“ -”，后者用“.”，只要一张单统一为好。衫片外侧的数不标注单位，一般是指转数。大身中心上是领窝针数、两侧为肩针数。大多以支表述，见附录 3 羊毛衫生产工艺与工艺单缩写汉英对照。

（2）领圈的英寸标注。领窝下为前领平位 2 -3.5/8 英寸，上为后领窝平位 4 -7/8 英寸，左上是后领斜位 1 -4/8 英寸，左中是前领直位 6/8 英寸，左下是前领斜位 3 -1/8 英寸。中心记录缝盘号型及领片总长英寸数值。如此标注目的是为了使领片与领窝缝合时对应控制，避免松紧不均匀（表 4 -10）。

工艺计算的表述中，针织行业若干年用许多不易懂的字，对于初学者理解工艺有一定难度，关于此问题的深入学习可以在附录 3 羊毛衫生产工艺与工艺单缩写汉英对照、2 织物组织、1 行业测量、9 重量换算、10 排针等一系列专业用语汉英对照中找到答案。

思考与实践题

1. 了解羊毛衫生产工艺流程的意义。
2. 练习测量，记录各部位的尺寸。
3. 简述设置羊毛衫成品规格，建立“号型”的意义。
4. 根据设计目的，选择性应用成品规格表中的尺寸。
5. 总结应用成品规格的心得体会。
6. 观察横机，记住各部位机件名称与功能。
7. 尝试简单织物样片的操作。
8. 体验编织两色横条时，轮流撞击高、矮纱嘴架的窍门。
9. 通过了解羊毛衫专业术语，尝试读懂工艺单。
10. 尝试阅读不同款式的“样板生产通知单”和“样板生产工艺单”。

第二章　羊毛衫常用组织及编织

本章知识与技术点

1. 了解各种组织结构，识别织物图、线圈图、意匠图。
2. 了解各种织物特性及其适用部位。
3. 学会辨认编织图，掌握各种组织的操作方法与步骤。

织物形成是利用线圈相互串套，由于工艺操作方式有别而形成迥然不同的线圈结构。不同线圈结构单元又经过有规律的排列形成各类组织与织物风格。下面分六节讲述纬平针类组织、罗纹类组织、移圈类组织、集圈类组织、波纹与空气层类组织、提花类组织。这些组织都是羊毛衫织物最常用的组织。因此，掌握常用组织是羊毛衫生产工艺与设计最基础的知识与技能。

第一节　纬平针组织及编织

纬平组织是羊毛衫织物中最基本的组织之一，也称平针织物。其中又分为单面纬平针组织和双层纬平针组织两种。

一、单面纬平针组织及编织

（一）单面纬平针组织与织物特性

单面纬平针组织

（1）单面纬平针组织的结构。又称平针组织。由于在单针床上操作，俗称单边织物、单边组织。单面纬平针组织正面由线圈和圈柱形成，反面由线圈和圈弧组成。线圈图正面圈柱长并遮盖后面的圈弧，圈柱间形成平面，反面圈弧高于圈柱形成凹凸。在光源作用下织物正面光洁、平整，反面则较阴暗，有明显的凹凸视觉效果。单面纬平针组织单元结构是其他组织的基础，了解任何组织都要从单面纬平针组织开始，如图 2－1 所示。

（2）单面纬平针织物特性与用途。单面纬平针织物有三个主要特性：卷边性、脱散性和延伸性。

卷边性是纬平针织物边缘处于自然状态下的现象。传统羊毛衫生产工艺观念是不利于缝合，而现代羊毛衫生产工艺设计已把卷边作为时尚装饰手法，采用逆向思维将织物缺点变为了创新点，如图 2－2 所示。

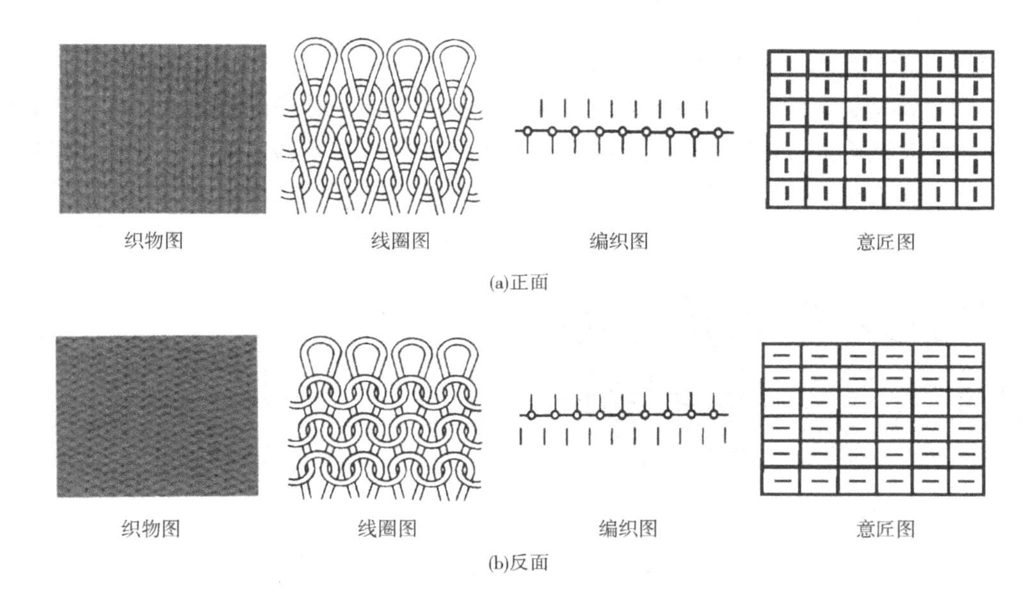

图 2－1　纬平针组织

脱散性是指从织物边缘抽纱线出现横向脱圈，或成衣穿着过程中受外力作用，纱线断裂所产生的线圈分离的现象。羊毛衫织物脱散是时常发生的，避免前者情况发生，缝合时需缝得结实牢固；如后者问题，以手工缝补工艺来解决。

延伸性是指织物受外力作用后所产生的延伸现象。单面纬平针织物纵、横向均有较好的延伸性。

单面纬平针织物线圈结构简单，具有轻、薄和柔软的特点，广泛用于男、女、儿童羊毛衫的大身、两袖或毛裤等。

图 2－2　纬平针卷边领

（二）单面纬平针组织的编织

1. 准备工作　单面纬平针织物在横机的前、后针板均能编织。在后针床编织，将前针床升、降铁柄下压，听到“咔、咔”两声，前针床下降约 3cm 空隙。开启 2、3 起针三角，关闭 1、4 起针三角，排针如图 2－1 纬平针组织反面编织图。

2. 编织步骤

（1）上梳。左手拿着穿好铁丝的梳栉中心，靠紧后针床并上举，当梳栉高于织针时，注意导纱嘴在梳栉前，右手拉三角座驱动手柄向左缓慢行进，三角座到左边（机头）左手才可松开梳栉，纱线已垫放在织针上。若在前针床编织，注意导纱嘴在梳栉后。

（2）挂锤。将重量相等的重锤分别挂在梳栉两侧孔里，重锤口对着操作者这一边，以免不慎落下伤人。

（3）平摇。三角座拉向右，同时记录转数。

二、双面纬平针组织及编织

1. 双面纬平针组织与织物特性

（1）双层纬平针组织。双层纬平针组织又称圆筒组织，俗称袋形织物。由单面平针组织的正面线圈沿横机前、后针床上轮流编织形成双层纬平针组织结构。因此，双层纬平针织物正反面都有单面纬平针织物的视觉效果，如图2－3所示。

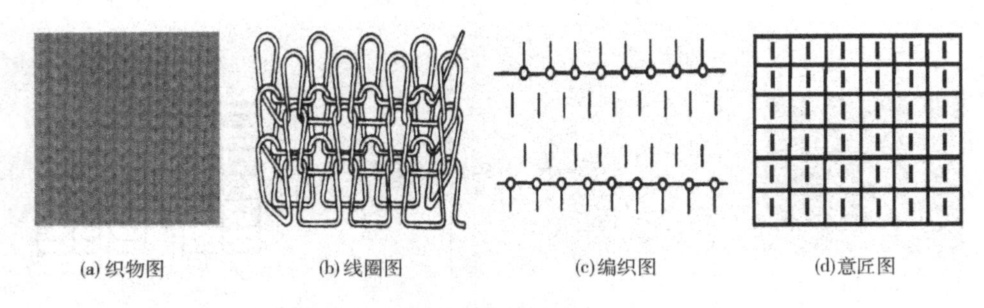

(a) 织物图　(b) 线圈图　(c) 编织图　(d) 意匠图

图2－3　双层纬平针组织

（2）双层纬平针织物特性与用途。双层纬平针织物由于循环编织单面平针，两端边缘封闭，无卷边现象。双层纬平针织物也像单面平针织物一样具有脱散特性，但双层纬平针织物比单面纬平针织物手感厚实、表面光洁。通常将双层纬平针织物作为羊毛衫脚（底摆）、袖口边、领边等部位。

2. 双面纬平针组织的编织

（1）准备工作。准备好满针罗纹推针板、翻针柄等。

（2）编织步骤。参见“第三章羊毛衫生产过程”中的“圆筒起口转换纬平针的操作步骤。

第二节　罗纹组织及编织

罗纹组织是双面针织物中的基本组织。是由纬平针组织正面线圈纵行和反面线圈纵行以一定相隔方式组成。这里着重介绍最常用的1×1罗纹、2×1罗纹、3×2罗纹和满针罗纹组织形式。

一、1×1罗纹组织

1. 1×1罗纹组织与织物特性

（1）1×1罗纹组织。1×1罗纹组织是一个平针组织正面线圈纵行和一个平针组织反面线圈纵行组成的最小单元组织。四个方向循环后线圈结构显现平针正面效果。而拉伸状态下才呈现一正一反线圈交替的视觉效果，如图2－4所示。

（2）织物特性与用途。罗纹织物的抗脱散性均优于平针织物。1×1罗纹织物因正反面线圈纵向数相同，造成牵拉力平衡，因而不卷边。但最大的优点是有较好的横向延伸性和弹性。因此，适用羊毛衫脚、袖口、门襟及领子等部位。

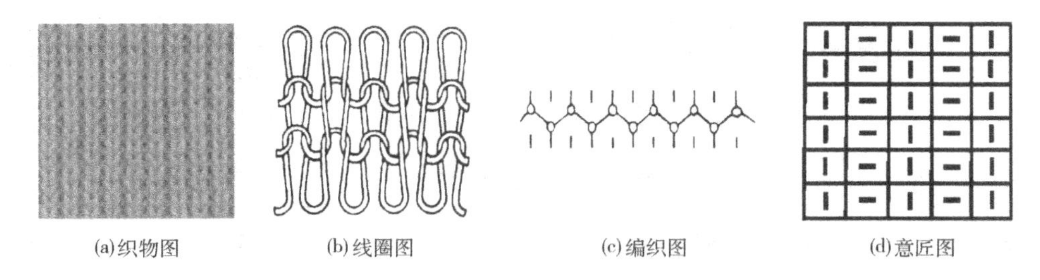

(a)织物图　(b)线圈图　(c)编织图　(d)意匠图

图 2－4　1×1 罗纹组织

2. 1×1 罗纹组织编织

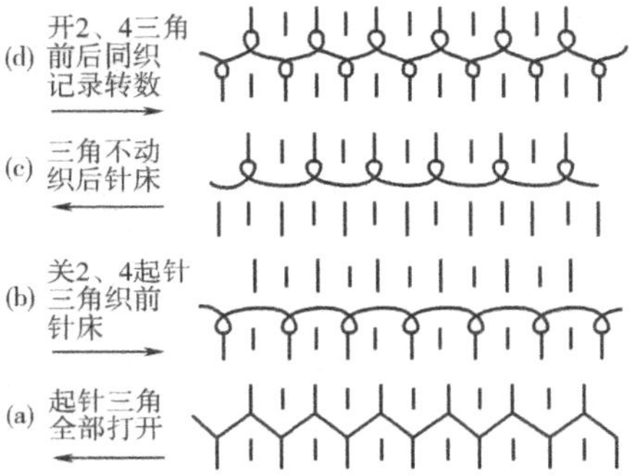

（1）准备工作。1×1 罗纹织物在横机双针床上编织，两个针床分别 1 针隔 1 针交错“面包底”排列，即前针床两端比后针板多 1 针，如图 2－5 所示。纱线按要求引入导纱嘴，三角座在右。起针三角全部打开。2 号弯纱三角推到刻度 5 以上，这个动作俗称“结上梳”，其余三个弯纱三角按要求密度保持一致。

(d) 开2、4三角 前后同织 记录转数

(c) 三角不动 织后针床

(b) 关2、4起针 三角织前 针床

(a) 起针三角 全部打开

图 2－5　1×1 罗纹组织操作步骤

（2）编织。

①上梳。三角座从右向左运行的同时纱线已垫放到织针上。这时左手拿起口梳栉板中心，对准排针数字中心慢慢上举与织针交错，当梳栉高于针床齿时，右手将铁丝旋转穿入梳栉眼中，左手再放下梳栉板，于梳栉板两端挂重锤。

②空转。关闭 2、4 起针三角，三角座从左向右行，前针床编织。将 2 号弯纱三角刻度放下，与其他三角刻度保持一致。

③空转。三角座拉回左，后针床编织，此时圆筒 1 转完，1×1 起口完成。

④平摇。打开 2、4 起针三角，前、后针床同时编织。开始记录罗纹编织转数。

二、满针罗纹组织

1. 满针罗纹组织与织物特性

（1）满针罗纹组织。满针罗纹组织又称四平针组织、四平组织。其线圈结构与 1×1 罗纹组织是相同的，由于满针排列，线圈用纱是 1×1 罗纹组织的 2 倍，织物呈现密集、厚实的视觉效果，如图 2－6 所示。

（2）织物特性与用途。满针罗纹织物属于双针床编织物，由于是 1×1 罗纹组织工作针数的二倍，织物不仅厚实、紧密，且幅面宽，又无卷边等优点。由于横向延伸性较小，给羊毛衫轮廓增添挺括感。通常用于羊毛衫脚（底摆）、门襟、领面和袋边等部位。

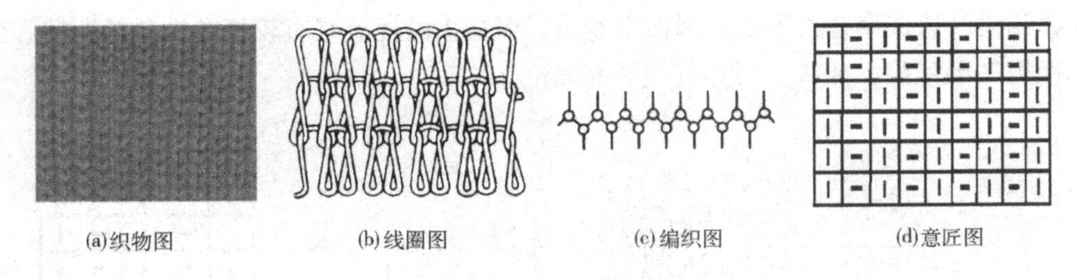

图2－6　满针罗纹组织

2. 满针罗纹组织的编织　满针罗纹织物与1×1罗纹织物编织基本相同。只是前、后针床满针排列，如图2－7所示。后针床边针比前针床边针多1针时，俗称“底包面”。注意前、后针床两端间隔半个针距，以免织物两边产生线圈松懈的后果。

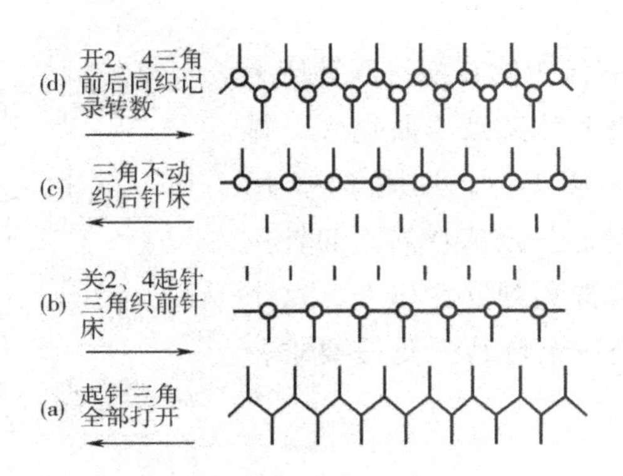

图2－7　满针罗纹操作步骤

三、2×1罗纹组织

1. 2×1罗纹组织与织物特性

（1）2×1罗纹组织。2×1罗纹组织是2个平针组织正面线圈纵行和1个平针组织反面线圈纵行组成的最小单元组织。在前后针床上分别以2针隔1针相错排列，如图2－8所示。

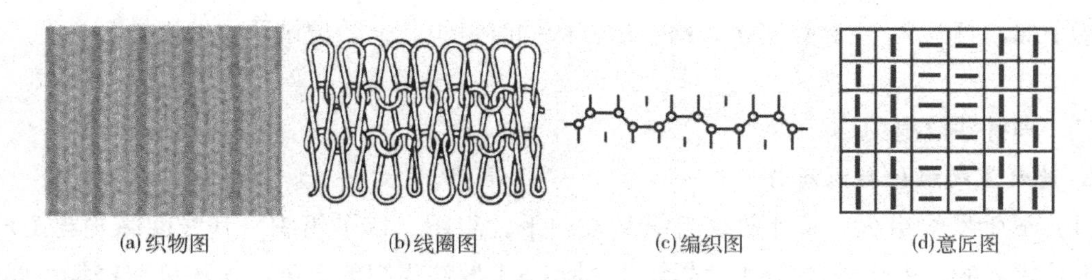

图2－8　2×1罗纹组织

（2）织物特性与用途。2×1罗纹与其他罗纹一样具有共同点，织物凹凸美感明显，织物较厚实、紧密、无卷边。由于2×1罗纹横向收缩比1×1罗纹、2×2罗纹组织更紧密，与纬平针组织衔接后造型如夹克衫底摆。因此，2×1罗纹组织在羊毛衫中应用最广。不仅羊毛衫局部应用，通身采用 2×1 罗纹的款式也常见，如图 2-9 所示是 2×1 罗纹套头长袖衫。

2. 2×1 罗纹组织的编织

（1）准备工作。用 2 隔 1 推针板推针，使织针在前后针床上相错排列，俗称“斜角”，即“针对齿”，详见附录的罗纹排针法图示。另外注意，凸轮手柄上抬，为左移后针床时下压留足空间量，其他与 1×1 罗纹相同，如图 2-10 所示。

图 2-9　2×1 罗纹套头长袖衫

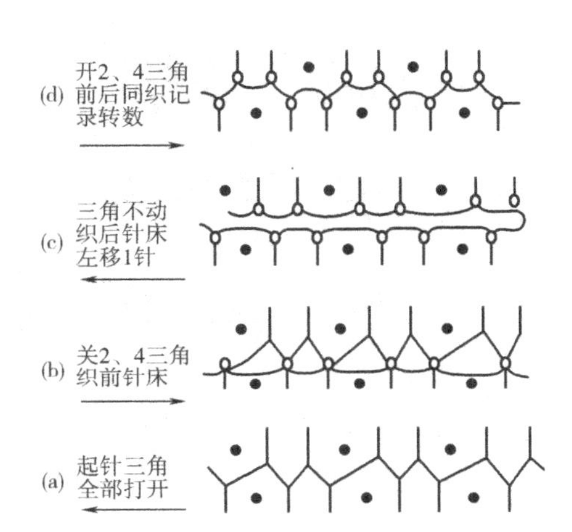

图 2-10　2×1 罗纹操作

（2）编织。

①上梳。纱线已垫放在前后织针上，如图 2-10（a）所示。

②空转。关 2、4 三角，先前针床编织，如图 2-10（b）所示。

③空转。左行后针床编织，如图 2-10（c）所示。

④平摇。先将后针床向左移位 1 针，前后针床工作针与空针形成骑马状对应，如图 2-10（d）所示。再打开 2、4 起针三角，这时前后针床同时编织，开始记录转数。

四、3×2 罗纹组织

1. 3×2 罗纹组织与织物特性

（1）3×2 罗纹组织。3×2 罗纹组织是 3 个平针正面线圈纵行和 2 个平针反面线圈纵行组成的最小单元组织。在前后针床上分别以 3 针隔 2 针相错排列，如图 2-11 所示。

（2）织物特性与用途作。3×2 罗纹与其他罗纹具有共同点，横向回缩率也较小，但无卷边，织物较厚实、紧密，织物凹凸美感强。因此，羊毛衫脚（底摆）罗纹位置常应用 3×2 罗纹，3×2 罗纹也被设计在大身、袖片，更适宜冬季帽子、围巾等的组织形式。

2. 编织方法与步骤

（1）准备工作。用 3 隔 2 推针板，“针对齿”排针，“面 2 针包”排针是指前针床两侧多

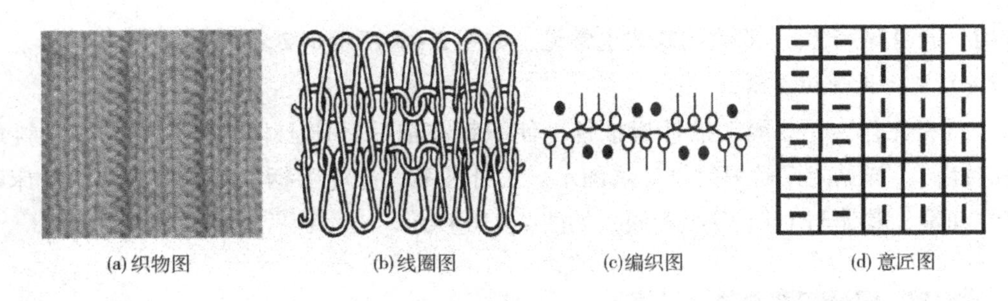

图 2－11　3×2　罗纹组织

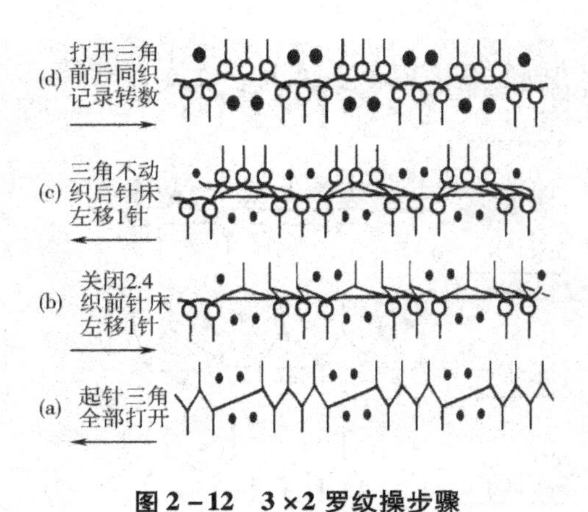

图 2－12　3×2 罗纹操步骤

2 针，特指移动针床后的排针效果，如图 2－12（d）所示。起针三角全部打开，其余同上。

（2）动作步骤。3×2 罗纹操步骤如图 2－12 所示。

①上梳。由右慢慢拉动三角座，纱线已垫放在前后织针上［图 2－12（a）］。

②空转。关闭 2、4 起针三角，先编织前针床，将后针床左移 1 针，如图 2－12（b）所示。

③空转。后针床编织，再左移 1 针，如图 2－12（c）所示。

④平摇。打开三角同时前后针板编织，开始记录转数，如图 2－12（d）所示。

第三节　移圈组织及编织

移圈组织是在纬平针组织基础上，把某些线圈移位而构成的组织。根据移圈的不同方法，移圈组织可分为挑花和绞花两种组织。

一、挑花组织

1. 挑花组织与织物特性

（1）挑花组织。是在单面纬平针组织基础上，将任意针位上的线圈按照设计要求，进行不同方向的移位，构成具有孔眼的花型。因此，挑花组织又称镂空织物，如图 2－13 所示。

（2）织物特性与用途。挑花织物通过设计有目的的移圈，不仅形成特色的菱形、八字或折线形等镂空图案效果，而且织物横向拓宽，透气性更好，轻便、柔软，是成人、童装春夏季羊毛衫的首选织物。

2. 编织步骤与方法

（1）准备工作。挑花分 1～4 眼翻针柄的操作，先要掌握 1 眼翻针柄操作，菱形由 7 针

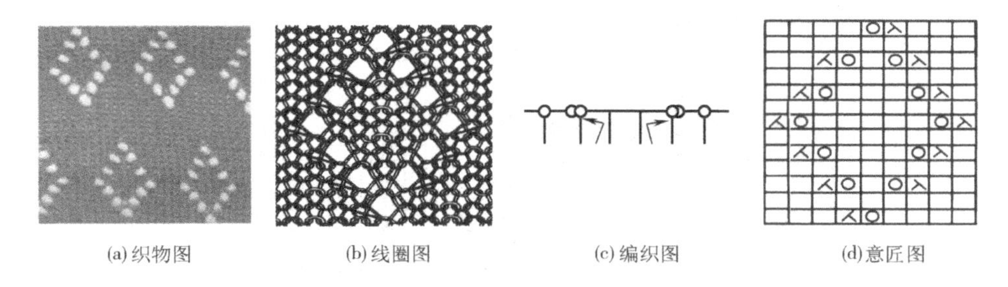

图 2－13　挑花组织

13 行组成的单元图案，单元图案间隔设计都应该是单数，便于第二排单元图案插在中间，如图 2－13 所示。

（2）步骤。如图 2－13 所示的挑花组织中的意匠图。

①用 1 眼翻针柄将设计好的中心针上线圈移到左侧线圈上。

②1 转后，将上 1 转空针两侧线圈，分别再向左右移圈。

③1 转后，重复上一步动作，以此类推操作。

④到菱形最宽处，将两边空针向内 1 针作为空针，仍然向外移圈。

⑤1 转后，重复上一步动作，以此类推操作。当两个空针中间剩 1 针时，即菱形尖 1 针移到右边针位，此时完成一个菱形挑花的操作。

（3）挑花 2～4 眼翻针柄的操作方法。挑花织物常设计为多眼翻针柄操作，正面呈现斜向走势的辫子。2 眼翻针柄呈现 1 条辫子（图 2－14 所示是 2 眼翻针柄挑花织物），3 眼翻针柄有 2 条辫子，4 眼翻针柄是 3 条辫子。图 2－15 所示为 2、3、4 眼翻针柄挑花意匠图。

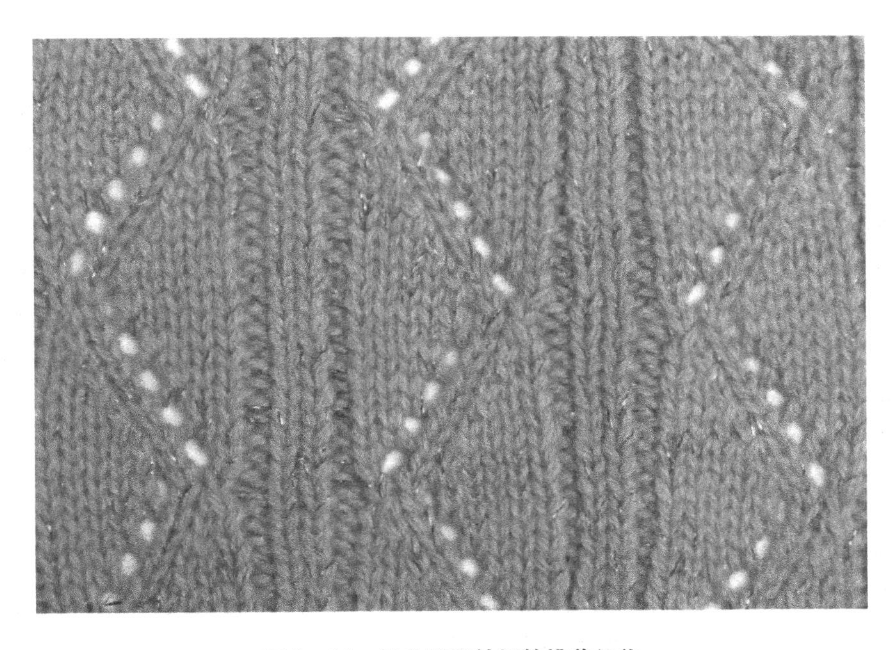

图 2－14　用 2 眼翻针柄的挑花织物

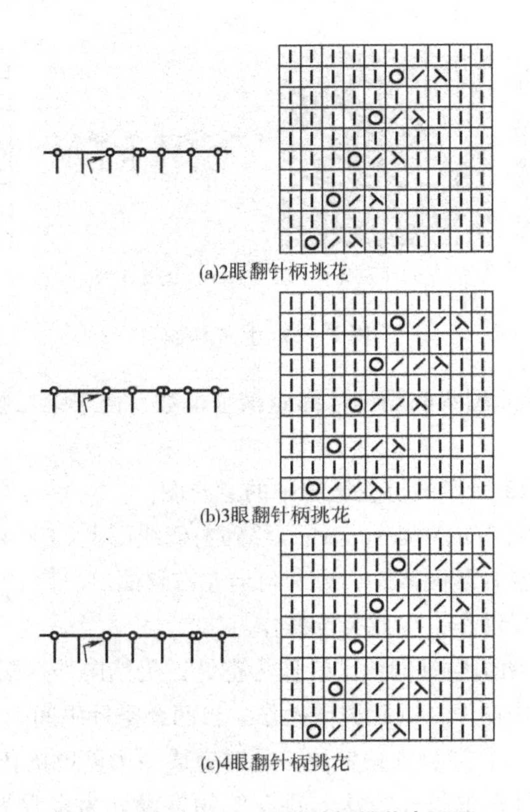
(a)2眼翻针柄挑花
(b)3眼翻针柄挑花
(c)4眼翻针柄挑花

图 2-15　2、3、4 眼翻针柄挑花意匠图

二、绞花组织

1. 绞花组织与织物特性

（1）绞花组织。绞花组织是在平针组织基础上，通过线圈左和右或右和左的交换位置，使织物正面形成纵向扭曲状的花型，俗称“扭绳”“麻花”织物，如图 2-16 所示。

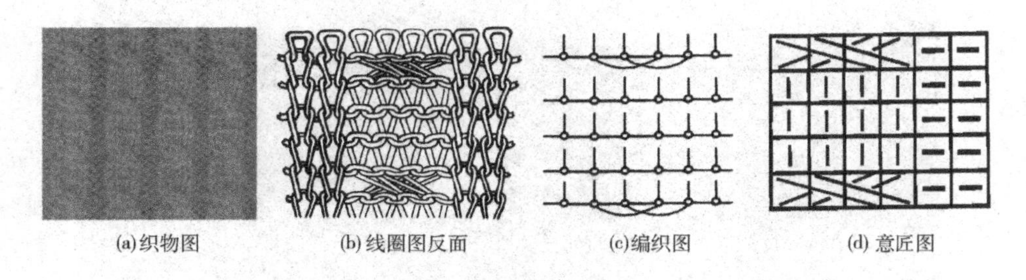
(a)织物图　(b)线圈图反面　(c)编织图　(d)意匠图

图 2-16　绞花组织

（2）织物特性与用途。绞花织物常以反针衬托凹凸效果，也使织物更具弹性。如果用粗纱线在粗针机上编织绞花，织物外观更加厚实，而且具有粗犷、豪放的装饰效果。适宜设计男、女成人开衫或外套，使穿着者富有青春的魅力。大绞花风帽外套如图 2-17 所示。

2. 绞花织物编织步骤与方法

（1）2 针与 2 针绞花。绞花织物通常在前针床的平针上操作，4 针在前针床作绞花，为衬托凹凸感更强，后针床配 2 针共 6 针，2 转为一个单元。先把前针床右 2 针移到左 2 针上，称为“左绞”；反之，把左 2 针移到右 2 针位置，称为“右绞”。不论左绞还是右绞，都要根据工艺设计需要来操作，如图 2－16 所示的意匠图。

（2）大绞花编织方法与步骤。大绞花是指多针数相交叉。比如 7G 针机，3 针与 3 针绞都难推动三角座，即使推动三角座，纱线也易断。分两次操作就解决了这个难题，俗称“偷织”。

第一步如图 2－18（a）所示，最右边 1 针先保持原位置不动，左边 3 针向右移两个针位，右侧左 2 针左移三个针位，即左 3 针、右 2 针交换位置。

第二步如图 2－18（b）所示，将左 3 针右移一个针位、而右 1 针左移三个针位，织物正面效果无两样，由此实现大绞花“偷织”。

图 2－17　大绞花风帽外套

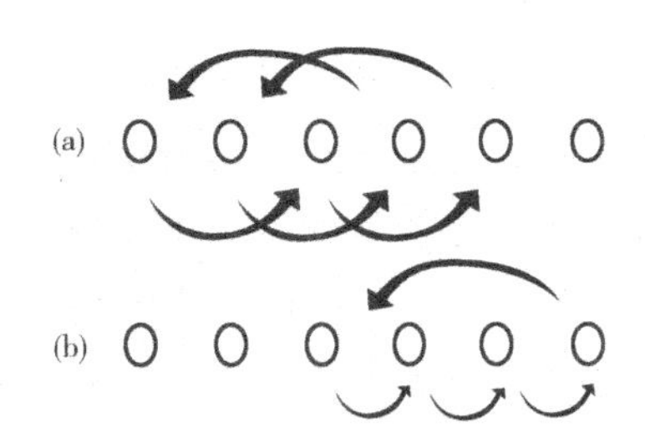

图 2－18　绞花偷织示意图

第四节　集圈组织及编织

集圈组织是在织物的某些线圈上，除套有一个封闭的旧线圈外，还有一个或几个未封闭的悬弧。由于集圈方式不同，集圈组织分为单面集圈组织和双面集圈组织两种。

一、单面集圈组织

1. 单面集圈组织与织物特性

（1）单面集圈组织。单面集圈组织是在纬平针组织基础上进行集圈编织，俗称平针胖花。单面集圈通常利用多列集圈可形成凹凸小孔。不同排列又形成各种结构花色效果，

图 2－19所示即为较实用又最具美感的单面菱形集圈。

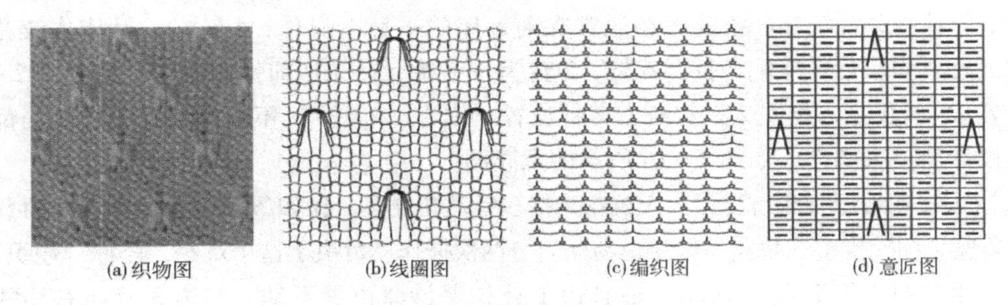

图 2－19 单面菱形集圈组织

（2）织物特性及用途。单面集圈织物由于多次集圈造成旧线圈承受张力而容易产生断纱现象，服用性能受到一定影响。但集圈织物上成圈与集圈反光差异产生阴影效果，利用此花型这一特点，设计中常把单面集圈织物作为羊毛衫大身、袖片大面积应用。

2. 编织方法与步骤

（1）准备工作。单面集圈既可以由电脑横机电子选针控制系统达到编织效果，也可在手摇休止机上通过手工任意选针编织所设计的花型。休止栓推向内为正常状态，三角座在右。单面集圈在后针床编织平针组织反面，可直接看到花型织物效果，如图 2－19 所示的单面菱形集圈组织。

（2）编织步骤。

①三角座在右，每隔 9 针暂停 1 针，将停编织针推向针槽最高点后织 2 转。

②将右侧休止栓拉向外，自动引返操作织半转，三角座到左。

③将休止栓恢复正常状态，推向里织 1 转半或 2 转半，三角座到右。

④反复操作（1）～（3），注意第二次停编针与上一横列相错位，将 9 针中间的第 5 针推向针槽最高点，才可织出如图 2－19 所示的集圈效果。

二、双面集圈组织

1. 双面集圈组织与织物特性

（1）双面集圈组织。双面集圈组织以四平组织为基础和集圈组织复合而成，其中又分两种组织。单面集圈俗称“珠地”或“单元宝”，如图 2－20 所示单面集圈组织；双面集圈俗称“柳条”或“双元宝”，如图 2－21 所示双面集圈组织。

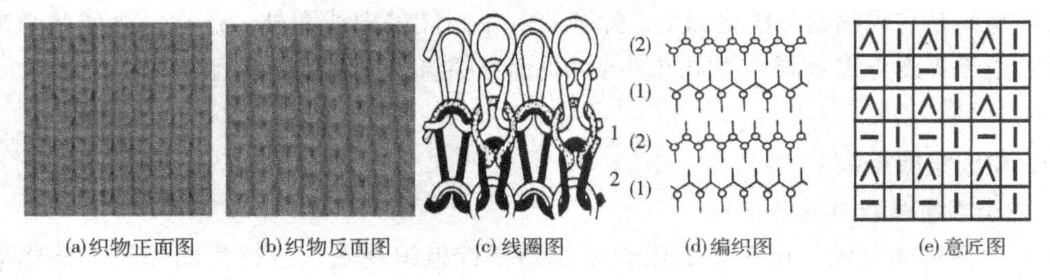

图 2－20 单面集圈组织

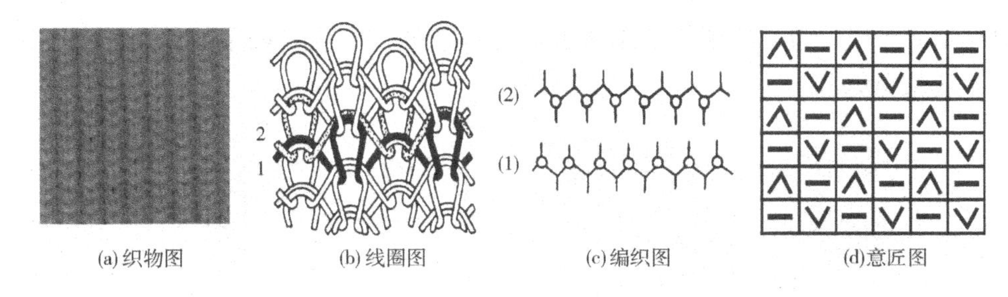

(a)织物图　(b)线圈图　(c)编织图　(d)意匠图

图 2-21　双面集圈组织

（2）双面集圈织物特性与用途。双面集圈织物由四平组织为基础编织而成，织物厚而挺括。单面集圈通常在后针板集圈编织，织物正面呈现凸起的效果，反面线圈长较平展，如图 2-20 所示的织物正面图、反面图。而双面集圈是前后两面针板都集圈编织，双面都有一样高低起浮的肌理效果，并且织物比单面集圈织物更厚实、丰满，如图 2-21 所示的织物图。集圈织物不论单面还是双面都是设计女时装衫、男外套的首选。

2. 编织步骤与方法

（1）准备工作。单面集圈排针为四平满针“斜角”，错位在前、后针板上（见附录 10 罗纹排针方式），三角全部打开，其他同样。

（2）编织步骤。单面集圈组织的编织图如图 2-20 所示。

①上梳。三角座从右（机尾）拉到左，纱已垫好。

②空转。关闭 2、4 起针三角，编织前针床，三角座到右。

③空转。三角座反回左（机头），编织后针床。

④集圈。抬高 3 号弯纱三角，使后针床处于集圈高度，字码刻度调至 5 集圈高度，这时候针床的针上有一个封闭的线圈和一个未脱圈的线圈，三角座拉向右（机尾）。单面集圈编织开始记录转数。

⑤四平。开 4 起针三角，三角座拉回左为四平编织。往复右、左拉动是单面集圈编织。

（3）双面集圈。双面集圈与单集圈操作所不同仅在第④步，将 3 和 1 弯纱三角同时提高于集圈高度，其他动作步骤全部相同，如图 2-21 所示的编织图。

第五节　波纹、空气层组织及编织

波纹和空气层组织属于双面组织，都是很有特色的组织。空气层组织中又分空气层和半空气层两种，下面分别介绍。

一、波纹组织

1. 波纹组织与织物特性

（1）波纹组织。波纹组织以四平组织为基础，后针床满针排列与前针床抽条组织复合而成。通过移动后针床，造成线圈倾斜形成波纹外观效果，俗称“四平扳花”，如图 2－22 所示四平抽条波纹组织。

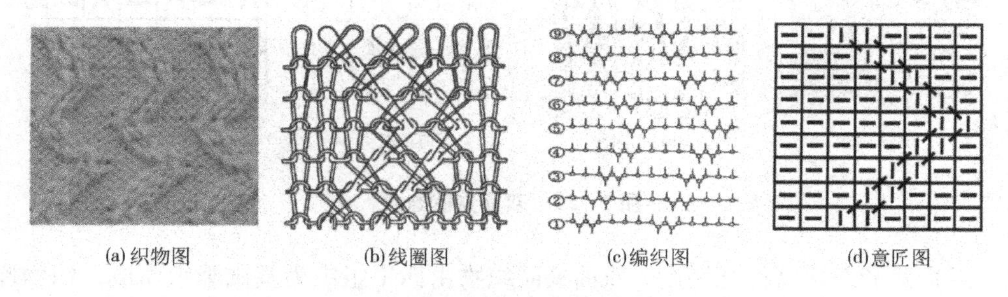

(a) 织物图　(b) 线圈图　(c) 编织图　(d) 意匠图

图 2－22　四平抽条波纹组织

（2）织物特性与用途。四平抽条波纹由于基础组织是四平针，其性能也具有增加织物宽度、长度变短、手感硬挺等特点。四平抽条波纹织物折线长短是由移床次数多少的工艺设计所控制。织物呈现凹凸外观也是排针工艺设计疏密而决定其艺术效果。由于操作费时，常设计在衫脚（下摆）、门襟、领片、袖口等局部位置，以达到点缀或装饰作用。

2. 编织步骤与方法

（1）准备工作。排针前先将“移床手柄”置于最高位，留有下压空间，再满针排列，其余与其他罗纹相同。

（2）编织步骤。

①上梳。三角座从右（机尾）拉到左（机头），纱已垫好。

②圆筒。关闭 2、4 起针三角，分别编织前、后针床，三角座到左（机头）。

③平摇。打开 2、4 起针三角，重复 20 转，编织到此为四平边。这时三角座还在左边（机头）。隔 2 针抽 4 针翻到后针床，每织一行，下压左侧“移床手柄”一个针距，俗称“半转一扳”；四次后上抬“移床手柄”，反向移动一个针距，四次后共编织 8 行为一个循环，此后重复循环。

二、空气层组织

1. 空气层组织与织物特性

（1）空气层组织。空气层组织是由一横列满针罗纹组织和双层纬平针组织复合编织而成，也称罗纹空气层，俗称四平空转组织，其线圈结构如图 2－23 空气层组织所示。

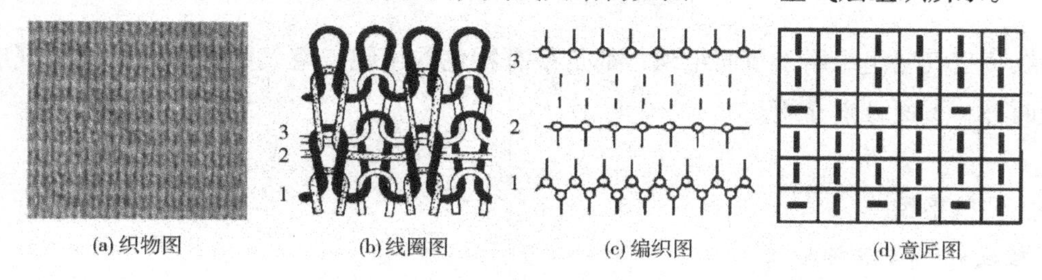

(a) 织物图　(b) 线圈图　(c) 编织图　(d) 意匠图

图 2－23　空气层组织

（2）织物特性与用途。空气层织物由于是四平空转组织结构，织物紧密丰满，尺寸稳定性好，但横向延伸性小。另外，其组织结构中形成织物空腔，织物保暖性较强，是男女成人羊毛衫、童装毛外套适用的织物。

2. 编织步骤与方法

（1）准备工作。四平针“底包面”起口，即后针床比前针床多 1 针，起针三角全部打开，常用工具同上。

（2）编织步骤。

①上梳。三角座从右（机尾）拉到左（机头），纱已垫好。

②圆筒。关闭 2、4 起针三角，分别编织前后针床，如图 2－23 中的编织图 2、3 步骤，三角座到左（机头）。

③平半转。打开 2 起针三角，三角座拉到右（机尾），编织四平组织，如图 2－23 所示。

④圆筒。开 3 起针三角工作，先编织后针床，再编织前针床。三角座拉 1 转到右边，如图 2－23 中的编织图 2、3 步骤。

⑤平半转。打开 4 起针三角，前后针床一起编织四平组织，三角座拉到左边。

⑥圆筒。关 4 起针三角，1、3 起针三角工作，右行先织前针床，后织后针床，1 转后回到左。

⑦四平。右行时，1、2 起针三角工作，编织四平组织。此后重复⑥、⑦步骤。

三、半空气层组织

1. 半空气层组织与织物特性

（1）半空气层组织。半空气层组织是由一横列满针罗纹组织和一行（半转）平针组织复合编织而成，也称罗纹半空气层组织，俗称三平组织，其线圈结构如图 2－24 所示。

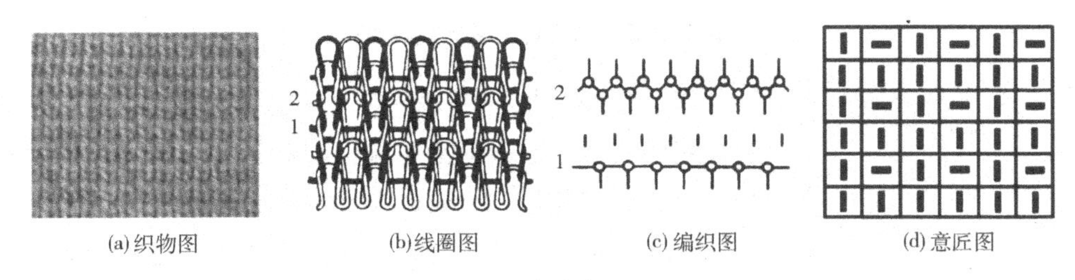

(a)织物图　(b)线圈图　(c)编织图　(d)意匠图

图 2－24　半空气层组织

（2）织物特性与用途。半空气层织物与空气层织物特性基本相同。具有厚实、挺括等特性、半空气层织物正面凹凸效果明显，是羊毛衫时装化理想的选择织物。

2. 三平编织步骤与方法

（1）准备工作。参见满针罗纹组织，（四平）起口，其他同上。

（2）编织步骤。

①上梳。三角座从右（机尾）拉到左（机头），纱已垫好。

②空转。关闭 2、4 起针三角，分别编织前后针床，三角座到左（机头）。

③半转四平。打开2起针三角，一起编织前后针床，三角座拉到右，如图2－24编织图2。

④一行前针床。打开4起针三角，编织前针床。三角座拉到左边，编织平针组织，如图2－24编织图1。

⑤重复③、④步骤动作。

第六节　提花组织及编织

提花组织是将不同颜色纱线垫放在有目的选择的织针上，进行编织成圈而形成图案效果的织物组织。提花组织根据组织结构又分单面和双面两大类，这里着重介绍单面提花组织。其中又分有虚线提花组织和无虚线提花组织两种。

一、单面有虚线提花组织

1. 单面有虚线提花组织与织物特性

（1）单面有虚线提花组织。单面有虚线提花组织以平针组织为基础，由平针和浮线组成，也称小提花，俗称拨花。单面有虚线提花组织每一横列二色纱线交替编织，花纹清晰、美观大方，如图2－25所示单面有虚线提花组织。

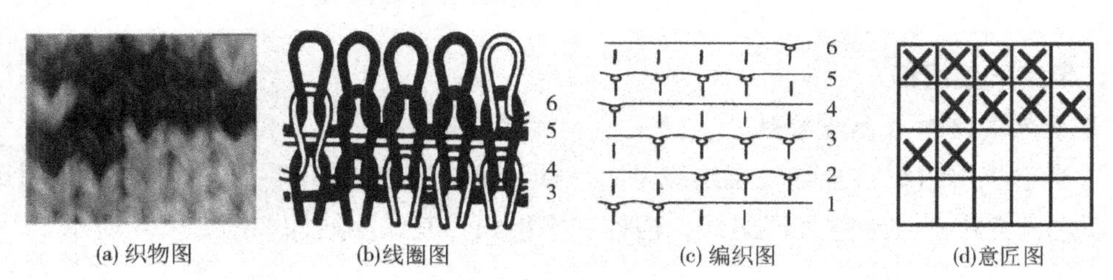

(a) 织物图　(b)线圈图　(c) 编织图　(d)意匠图

图2－25　单面有虚线提花组织

（2）织物特性与用途。单面有虚线提花不编织的纱线在编织线圈的后面，连续不参加编织的针越多，织物后面浮线就越长，容易引起勾丝。一般成人羊毛衫提花设计浮线宽度控制在1.7cm内，儿童羊毛衫最好不超过1.2cm。提花的高度也需控制，因浮线多易造成羊毛衫里面杂乱，全件羊毛衫厚度增加，织物延伸性也会受到一定影响，间隔一段平针再设计提花较好。形态设计以斜向走势为好，可以减缓织物后面浮线的间距。该组织适合男女成人或儿童套头衫、开衫。图2－26所示为单面有虚线提花童装。

图2－26　单面有虚线提花童装

2. 编织步骤与方法

（1）准备工作。单面有虚线提花操作必须先设计图案，而图案又依赖于选针方式，不论是电子选针信息储存还是机械式选针中的纹板孔眼选针，都要在意匠图中预先设计图案。这里以日本兄弟868型横机为例。纹板花宽24针是固定的，设计花高31行为一个单元，在此范围内设计图案。图2－27所示为单面有虚线提花意匠图的完成稿。然后在纹板上按意匠图上图案，用打纹板器将一个个孔剪下。图2－28所示为单面有虚线提花纹板。

图2－27　单面有虚线提花意匠图

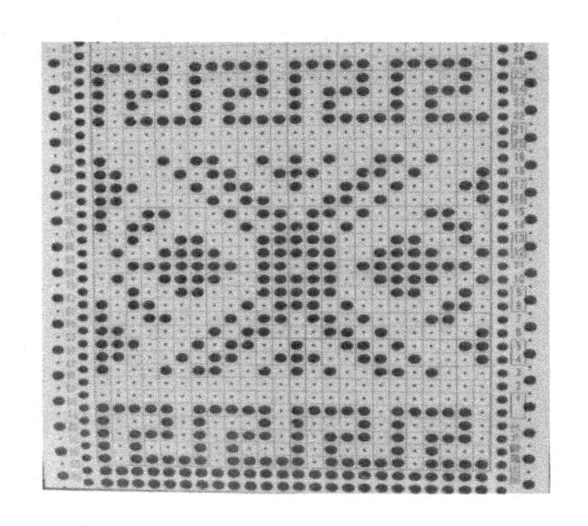

图2－28　单面有虚线提花纹板

（2）编织步骤。以如图2－29所示兄弟868型提花机为例加以说明。

图2－29　兄弟868型提花机

①先将制作好的纹板正面为红格插入纹板箱中，控制纹板旋钮左钮在“开”字后，继续左旋转将纹板旋至下，至有孔开始算起的第七行露在表面。随后织物底纱夹入喂纱器后，向右拨关闭喂纱器。

②功能旋钮在nl位编织平针，当机头编织到右时，功能旋钮逆时针转到kc位，使之选针，机头拉向左。

③推主机头中心mc提花键，把织物花纹色纱夹入副机头喂纱器左侧，这时机头拉向右，听到“咔嚓、咔嚓”纹板转动声，此时开始提花。

④往复运动直至完成提花，将机头功能旋钮顺时针恢复到nl平针功能位，mc提花键自动弹出。抽出喂纱器中提花纱线，继续往复运动编织底纱平针组织。图2－30所示为有虚线提花织物。提示：如果花型有方向性，插纹板时需翻过来插入。

图 2-30　有虚线提花织物

二、单面无虚线提花组织

1. 单面无虚线提花组织与织物特性

（1）单面无虚线提花组织。单面无虚线提花组织是以纬平针组织为基础，纵向 2 种或 2 种以上镶拼色块的织物组织，也称嵌花组织，俗称挂毛。在嵌花机上由手工按设计意匠图选针喂纱，通过轮回连接方式，形成图案花色，如图 2-31 所示嵌花组织。意匠图设计必须是从织物反面角度观看，因为织物在嵌花机上是反面对着操作者，如果是对称图案就不必注意这一点。

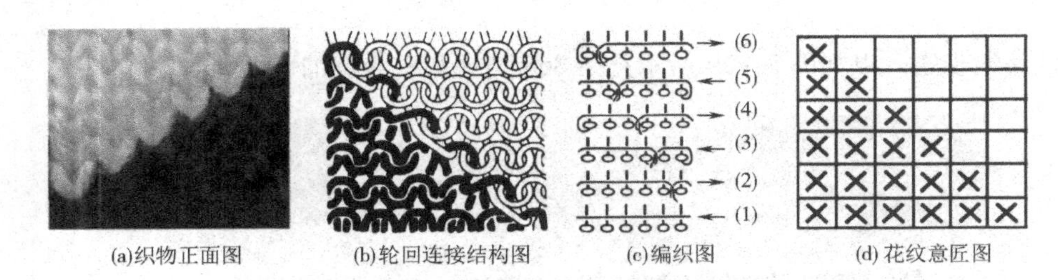

(a)织物正面图　(b)轮回连接结构图　(c)编织图　(d) 花纹意匠图

图 2-31　嵌花组织

（2）织物特性与用途。嵌花织物通过轮回连接方式使织物反面没有浮线，因此与平针织物同样也有三个特性，这里不再重复阐述。嵌花图案设计面积越大，连接次数就越少而越省工时，尤其在一行中设计不宜超过六色，而且适合斜线、横线、折线图形组成的图案。嵌花织物图案适宜设计抽象图形，或几何概括的动物图案。图 2-32 所示为嵌花半开胸女童装。嵌花设计适合年轻人休闲风格羊毛衫，图案追求流畅或奔放、大气的块面。图 2-33 所示为男青年嵌花套头衫。

2. 编织步骤与方法

（1）准备工作。国产手摇嵌花机。先压下“嵌花拴”和“引返拴”为正常平针状态。左右起针三角打开。

（2）编织步骤。以如图 2-34 所示国产嵌花机为例加以说明。开针起口方法与普通横机一样，编织若干转后嵌花步骤如下。

①先握住机头，手柄由右向左行，拉起嵌花拴，三角座拉到左，织针自动弹出针板边。将各色纱线放在机板前的地面（操作者脚前），以备手工喂纱，记行器旋至 0，如图 2-31 所示的编织图（1）。

图2－32　嵌花半开胸女童装

图2－33　男青年嵌花套头衫

②按花纹意匠图手工垫纱，先垫右白纱1针、再垫左黑纱5针，右手轻拉住所有线头，左手将三角座拉向右，系好黑纱、白纱两个线头，如图2－31编织图（2）。

③拾起白纱向左垫2针，黑纱在白纱下绕回垫其余4针之上，左手捏住所有线头，右手将三角座拉向左，如图2－31所示的编织图（3）。

④按花纹意匠图垫纱。拾起黑纱垫在左3针上，再从黑纱下面拿起白纱绕回到其余3针上，如图2－31所示的编织图（4），右手捏住所有线头，左手将三角座拉向右边。这就是轮回连接方法。

⑤拾起白纱垫在右4针上，再从白纱下面拿起黑纱绕回左2针上，如图2－31所示的编织图（5），左手捏住所有线头，右手将三角座拉向左边。

⑥拾起黑纱垫在左第1针上，再从黑纱下面拿起白纱绕回到余的5针上，如图2－31所示的编织图（6），右手捏住所有线头，左手将三角座拉向右边。

准备平针操作时，要压下嵌花拴，关左、右起针三角，与上述同样方法垫纱到所有针上。当三角座拉向对面，织针自动回到针板齿边，这时再打开起针三角，由导纱嘴喂纱，继续编织平针部位。

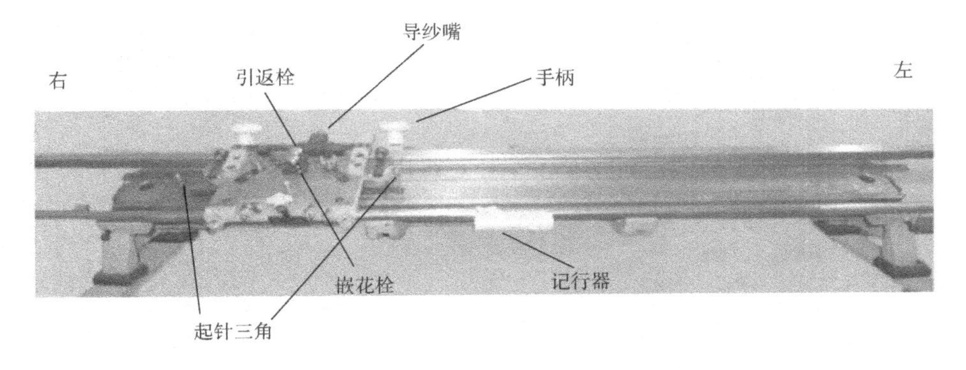

图2－34　国产嵌花机及主要机件

思考与实践题

1. 反复操作 1 ×1 罗纹组织、2 ×1 罗纹组织和 3 ×2 罗纹组织，比较哪种罗纹回弹力大。
2. 熟练掌握满针罗纹组织，编织样片，同时做间色练习。
3. 通过实践做出教材中没有的挑花新织物，同时绘制意匠图。
4. 用 1 ~4 眼翻针柄做挑花新织物，阐述它们工艺的不同点。
5. 思考款式设计如何与绞花织物结合使之美观兼顾工艺合理性。
6. 通过不同工艺步骤和排针，实践波纹组织，创造新视觉效果的波纹织物。
7. 熟练掌握休止机操作单面集圈织物的方法。
8. 熟练掌握罗纹空气层类组织，编织空气层和半空气层织物样片。
9. 在意匠图上设计有虚线提花图案，编织出织物，并点评自己的作品。
10. 单面无虚线提花组织和有虚线提花组织的工艺不同点是什么？结合羊毛衫款式谈如何设计图案更符合工艺的限制。
11. 通过基础组织的复合，利用工艺创新设计出新织物样片，并说明生产工艺的技巧。

第三章　羊毛衫生产过程

本章知识与技术点

1. 认识平方密度的意义和羊毛衫样片的制作。
2. 学习羊毛衫操作从起口到落片的全过程。
3. 尝试缝盘机操作步骤与技巧。
4. 掌握羊毛衫的后整理与蒸烫定型。

第一节　平方密度计算与样片的制作

平方密度（简称“密度”）计算和样片制作是羊毛衫生产的第一步，如果样片密度计算不准确，成衣尺寸难以保证，产品质量会受到直接影响。所以，平方密度计算在整个羊毛衫生产中起着关键性作用，掌握平方密度计算与样片质量是工艺师、设计师必备的基本技能。

一、密度的定义及单位

平方密度是指 $1cm^2$ 或 1 平方英寸内，横向密度的针数和纵向密度的转数。其单位表示：针/cm、转/cm，行业常以英寸表示：针/英寸、转/英寸。

二、样片的制作步骤

1. 线质与针型　首先根据纱线的粗细去确定横机针型，粗线选择粗针机，细线选细线机。一般来说，5G 以下为粗针机，7G、9G 属于中等针型，12G 以上为细针机。也常根据纱线合股的情况再选择针型。

2. 确定压针刻度　压针刻度即织物密度的调节，俗称字码。由于手摇横机制造精密度不高，通常用扑克牌厚度的字码卡片作上下调节，如图 3－1 所示字码卡片。织物稀松，压针刻度上调加字码卡片一张，织物过紧，压针刻度下调，抽出一张字码卡片，直到织物行与行、针与针之间疏密保持一致。

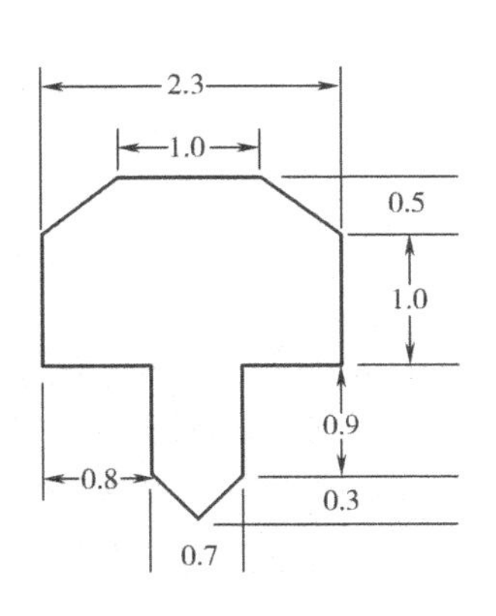

图 3－1　字码卡片

3. 样片洗水和手感　要制作 30cm × 30cm 的正方形样片，将织好的样片锁边封口，然后按大货要求进行洗水、烘干和熨烫。熨烫不要用力过大，确保样片手感柔软度适宜。

4. 样片测量与计算 样片测量一定放在平整的工作台面，再测量横向 30cm 内的针数，纵向 30cm 的转数。然后分别除以 30，小数点后留三位数，得到的是 1cm^2 内纵、横密度值。

横向拉力值测量，“单边”取 10 针用力横向拉到极限，测得英寸数值，便是横向拉力值，例如：10 支拉 1 - 2/8 英寸。

如果以英寸计算密度，首先测量 12 英寸织物内的横向针数，再测量 12 英寸的纵向转数，之后分别除以 12，得到的才是 1 平方英寸内织物纵、横密度值。再以同样的方法测量横向拉力值。

第二节 羊毛衫生产过程

一、编织前的准备

1. 基本工具 梳栉和钢丝、重锤、边钩和边锤、扫针器和过梳器、各种机型罗纹起口推针板、各种机型收针柄、字码纸卡 20 片、手持小毛刷、松紧带、螺丝刀、剪子。

2. 准备工作

（1）上蜡。在绕线机上过蜡的同时，将线绕成塔形或柱形之后，放在横机架上抽出线头。

（2）穿线步骤。图 3 - 2 为穿线示意图。

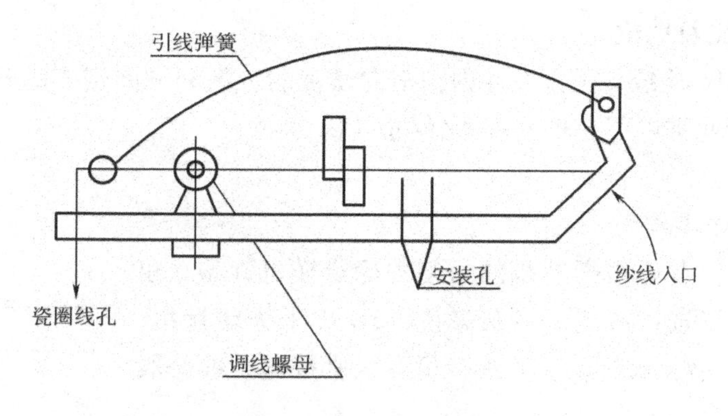

图 3 - 2 穿线示意图

①先穿进纱线入口圆孔后将线进入安装孔内。

②压到调线螺母斜口中（调节张力）。

③再经过引线弹簧。

④从瓷圈线孔中出。

⑤将线穿入横机矮纱嘴架的引线板中，

⑥直下矮纱嘴中，再入两针板间，系在前针板右腿柱上固定。

3. 横机检查

（1）旋转驱动棘轮，检查其是否能带动机头自如滑动。

（2）弯纱三角字码是否在所需要刻度位置，编织过程中准备随时抽取与添加。

（3）起针三角是否全部打开，三角座滑动是否自如。

（4）织针有无损坏，织针舌盖开启、关闭是否灵活。

二、1×1 罗纹起口转换纬平针的操作步骤

1. 准备工作　工具按横机型号选择梳栉、罗纹 1×1 推针板和翻针柄，其余与上面相同。

（1）排针。先将前、后针板针托推至工作位置后（图 3-3），再用 1×1 推针床将前针床不工作织针下滑到不工作位置。之后，排后针床织针，按要求 1×1 罗纹起口针应是 1 针隔 1 针距，俗称“针对针、齿对齿”排列。编织前不带纱嘴架三角座空拉 2 转，以便舌盖打开。

（2）查三角。查看起针三角是否全部打开。弯纱三角刻度除 2 号刻度在 5 位置外，其余是否在密度所需的位置上。

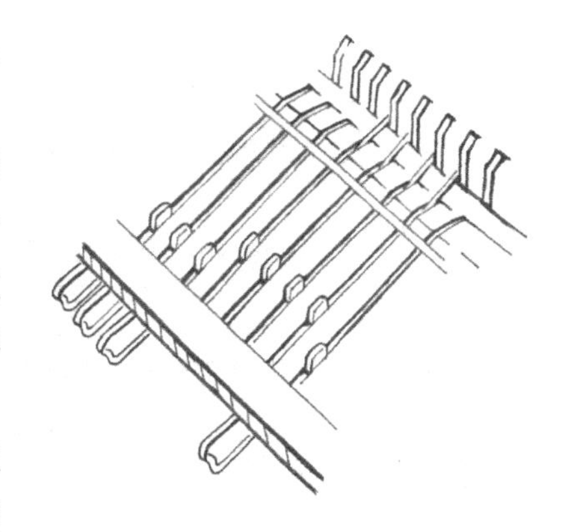

图 3-3　针托推至工作位置示意图

2. 1×1 罗纹编织步骤与方法

（1）上梳。轻轻将三角座从右（机尾）拉向左（机头），随着三角座的移动纱线被垫放到针勾上。左手拿梳栉中心孔，在前后针床间由下向上升，当梳栉高于针床齿并对准针床 0 位时，右手铁丝旋转穿入每个梳板上针圈内，随即铁丝回钩向下插入前、后两针床间，左手再松开梳栉，梳栉已压在两针床间的纱线上，如图 3-4 所示上梳完成示意图。之后梳栉两端分别挂重锤（图 3-5），再关闭 2、4 起针三角，使之分别编织前、后针床，如图 3-6 所示。

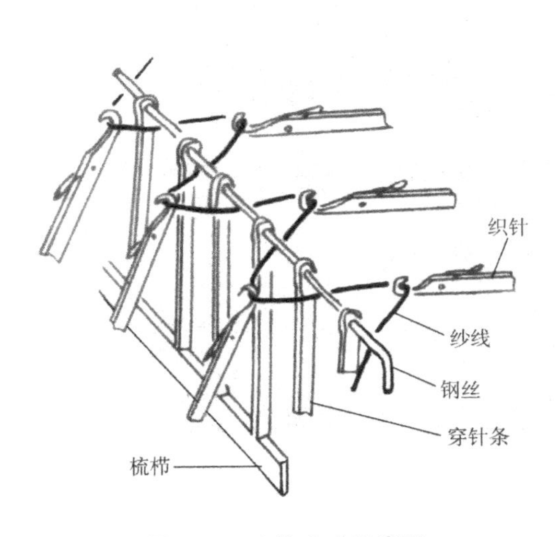

图 3-4　上梳完成示意图

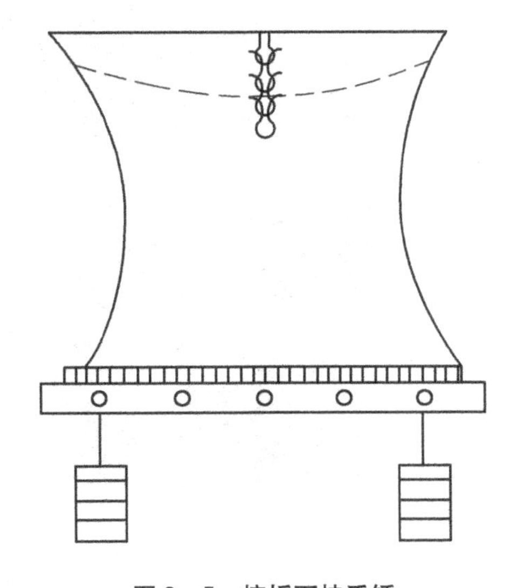

图 3-5　梳板下挂重锤

（2）空转。编织前面织针（面针），拉机要慢推稳进，当三角座到右时，将2号弯纱三角刻度下调到与其他三个弯纱三角保持一致。机头左行，编织后针床织针（底针），圆筒一转完，打开2、4起针三角，再抽2、3号字码卡各1张。

（3）平摇。已完成起口全部动作。正常编织1×1罗纹若干转，当转换纬平针前半转三角座到右边时，抽前针板1号字码卡1张。织物线圈放大便于过梳，所谓过梳，即把后板织针线圈翻到前针板，为编织纬平针做过梳准备（图3－7）。

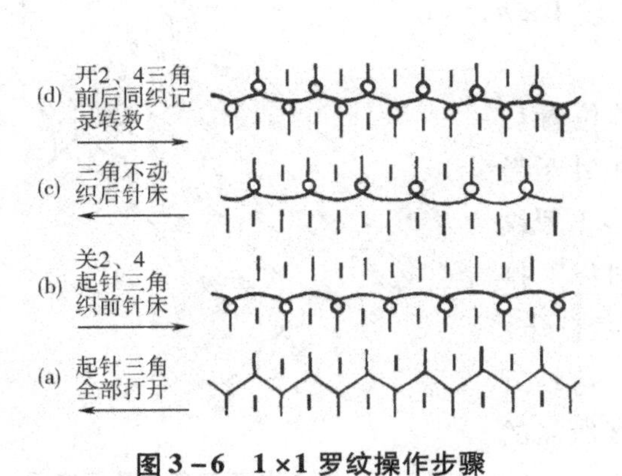

图3－6 1×1罗纹操作步骤

图3－7 扫针器与过梳器

3. 过梳步骤

过梳步骤如图3－8所示。

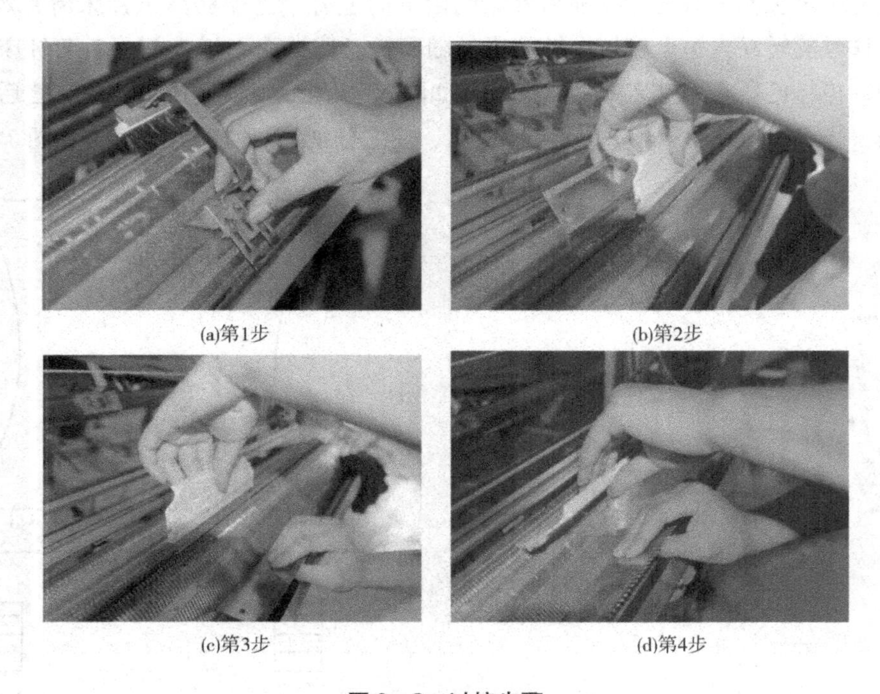

(a)第1步　(b)第2步

(c)第3步　(d)第4步

图3－8 过梳步骤

（1）用扫针器 在前、后针床上由左至右慢慢移动两转，将前、后针床的织针盖依次刷开。

（2）左手拿过梳器，勾住后针床已被打开的针勾。同时上提，当针勾里的线圈过了针盖时，右手用推针板下退针，使线圈完全过渡到过梳器上。

（3）拿推针板的右手回到前针床，将前针床的针推到过梳器两针间，即“针对齿”，并与过梳器针平行，左手向左或向右将过梳器上线圈挂到前针床针勾里。

（4）右手将前针床针下压到工作位置，左手过梳器在此过程中退出。注意，不要只挂单毛。

三、添纱组织的起口方法

1. 添纱组织的功能作用　为避免纱线罗纹出现散口而添加锦纶、氨纶编织，使之具有弹性，需换上添纱梭嘴俗称叿毛纱嘴（图 3－9）。纱嘴眼 1 穿入氨纶、纱嘴眼 2 穿入毛纱。由于喂纱顺序与角度不同，氨纶在织物反面，毛纱在织物正面，不影响外观效果。操作无区别，圆筒后编织 3～5 转便可调节罗纹散口弊端。

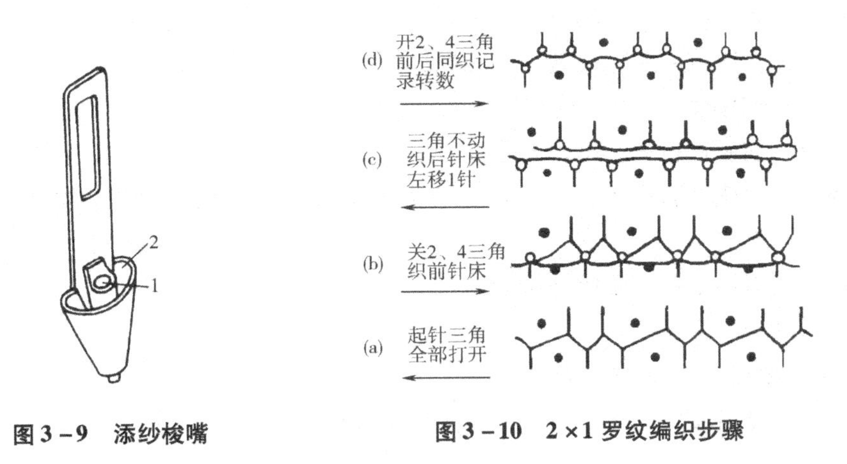

图 3－9　添纱梭嘴　　**图 3－10　2×1 罗纹编织步骤**

2. 添纱梭嘴的用法　羊毛衫设计若考虑添纱梭嘴功能，安装两个添纱梭嘴，纱嘴眼 1 穿蓝色，纱嘴眼 2 穿红色，织物正面就可以有两种色纱。另一个梭嘴穿法与其相反，两个梭嘴轮流编织，还可以用两个添纱梭嘴穿四种色纱，再采用不同排针，织物正面呈现四色花纹与效果。

四、2×1 罗纹起口转换纬平针的操作步骤

1. 准备工作　用 2 隔 1 推针板在前、后针床上相错斜角排列，如图 3－10（a）所示，起针三角全部打开。横机左下方“凸轮手柄”上抬到最高，为后针床左移做好准备。

2. 编织步骤

编织步骤如图 3－10 2×1 罗纹编织步骤所示。

（1）上梳。“斜角”排针，左行，纱已垫放在前、后织针上。

（2）空转。关 2、4 起针三角，先编织前针床。

（3）空转。后编织后针床。

（4）平摇。先将后针床向左移位1针，前后针床工作针与空针形成骑马状对应，俗称“针对齿”，如图3-10（d）所示。再打开2、4起针三角，这时前、后针床同时编织，开始记录转数。

五、圆筒起口换纬平针的操作步骤

1. 准备工作 满针排列，前针床两侧各多1针，俗称“面1支包底”。1、4号密度平针密度调好，2、3号密度比1、4号密度略紧半个刻度，4个字码各加2片字码卡。再将2号密度抬高到刻度5集圈位置，由此后针床升高倾斜向前，两针床距离缩短，使得织物起口线圈紧密饱满，俗称“结上梳”。三角座在前、后针床上空滑动2~3转，舌针盖打开，再带动“矮纱嘴架”准备编织。

2. 编织步骤

（1）上梳。三角座由右拉向左，纱已垫在织针上，穿梳栉，挂重锤，关2、4号起针三角。

（2）空转。三角座拉向右，落下2号字码与3号字码一致，随后拧紧。

（3）空转。三角座拉向左，空转1转完成，4个字码卡各抽1片，继续编织约2cm或更高高度，当三角座在右时，打开4号起针三角。

（4）平半转。前后针板一起编织四平针。

（5）平摇。三角座在右准备拉向左时，将后针板针全部翻到前针板，抽1、4字码卡1片，关3号起针三角。

（6）平摇。编织纬平针，开始记录转数。

六、纬平卷边纱起口的步骤与方法

1. 准备工作 梳板穿好铁丝，将后针床织针满针排列，2、3号字码放松。

2. 编织步骤

（1）左手拿梳板上升到过针床齿，慢慢将三角座从机尾拉到机头（左）。

（2）拉回到机尾（右）接毛（接羊毛衫正式用的毛线）。

（3）三角座到机头（左）将后针上全部线圈翻到前针床，并向左移错位1针，俗称“倒钩上梳”，此法使得卷边待拆掉间纱后不脱圈。

（4）右行且往复若干转。

（5）到机头（左）将2号字码调圆筒松紧字码刻度，“放眼”约2片，右行后恢复原字码。

（6）左行1转或2转，间纱，落片。

七、减针与加针的操作步骤及方法

1. 夹平位套针锁边 “夹平位”套针是指身片夹边连续减针的位置，一般高档羊毛衫用这种套针方法，夹平位套针锁边如图 3 – 11 所示。其步骤如下。

（1）先织第二针［图 3 – 11（a）］。

（2）将成圈的第二针套在第一针上［图 3 – 11（b）］。

（3）第一和第二针一起收为一针［图 3 – 11（c）］。

（4）将收针的线圈套到第二针上，第一针已成空针，退出工作区，反复（1）～（4）步骤［图 3 – 11（d）］。

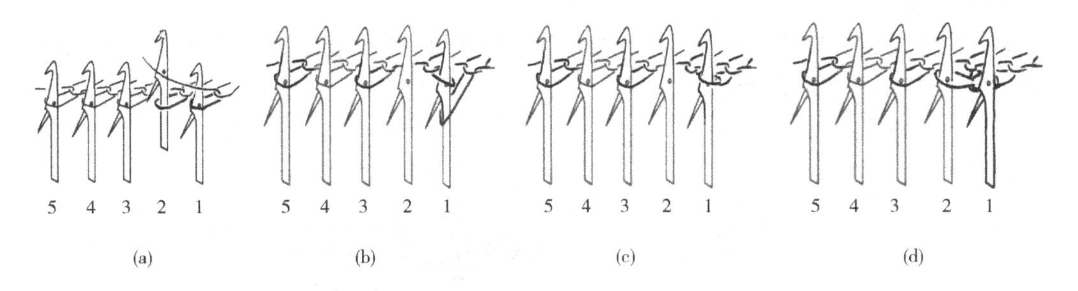

图 3 – 11　夹平位套针锁边

低档羊毛衫用落纱方法，即直接将织针从线圈中抽出，操作快捷，但羊毛衫里面不光滑。

2. 减针　减针目的是使编织的产品宽度缩短，改变原有形态，从而达到预期设计要求的尺寸，常用减针分移圈式和持圈式两种。

（1）移圈式减针。移圈式减针又分明减针和暗收花两种。

①移圈式明减针。明减针常用在男女羊毛衫收领、腰部和袖山高两侧的无边段减针。持一眼或两眼收针柄向内套 1 针或 2 针，再将衫两边织针退到不工作位置，这种收针方法织物正面无辫子，俗称“无边”，移圈式明减针如图 3 – 12 所示。

a. 用一眼收针柄套住边针钩住后拉［图 3 – 12（a）］。

b. 向前退出，使线圈移到收针柄上［图 3 – 12（b）］。

c. 带线圈收针柄勾住第二针向上翻［图 3 – 12（c）］。

d. 待线圈套在第二针后，将边针退出工作位置［图 3 – 12（d）］。

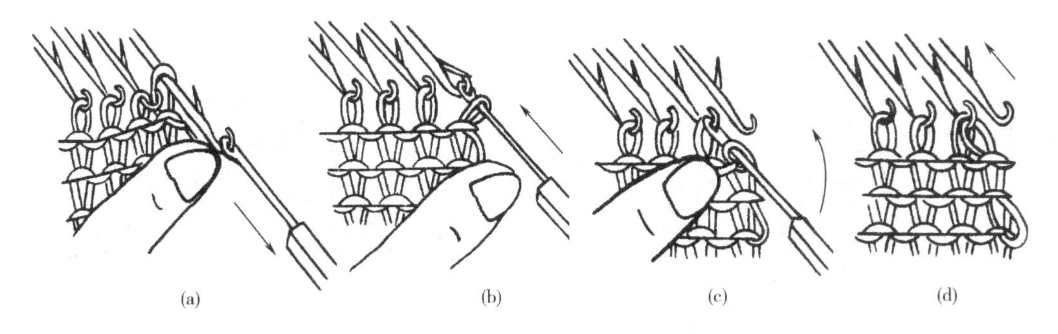

图 3 – 12　移圈式明减针

②移圈式暗收花。暗收花一般常用在男女羊毛衫夹和袖山及男羊毛衫背肩缝款式中。如图3-13所示的移圈式暗收花是12G横机男羊毛衫夹位工艺。必须用7眼收针柄一次性向内移3针，三针空针退到不工作位置，即完成1次减3针，边针余4针的操作。2转后重复2次只完成了第一段减针；再拉3转减3针重复4次，完成第二段；再拉4转减3针，重复2次，即完成夹位全部收花。羊毛衫正面看有明显突起的人字和辫子，具有鲜明的线条感。所谓4支边是适应12G横机以上细羊毛衫缝耗2针的。如果是7G横机缝耗1针可以将工艺设计为3支边，既用5支眼收针柄，向内压2针余3针空针，正面还是可见2针辫子。

对于夹位工艺设计成2、3、4、5支边，都要根据款式设计的工艺，决定操作的方法，以满足设计目的从而达到艺术效果。

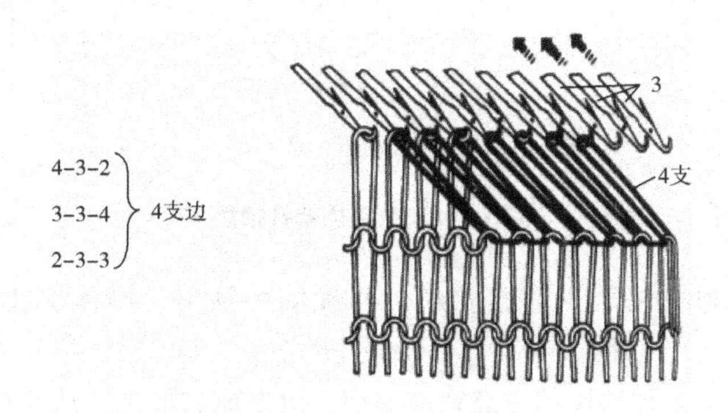

图3-13　移圈式暗收花

（2）持圈式减针。持圈式减针是在具有休止功能横机上应用，把持有线圈的织针推向最高停织位置，只要将修止栓打开，就停止了编织，一般用于羊毛衫肩斜部位（图3-14）。肩部工艺计算采用先快后慢才符合人体造型，一般工艺计算能一段收针最好，两段完成就必须采用先快后慢两段收针工艺。还要考虑1针缝耗。如7G横机，单肩41针，要在6转收完。图3-14（a）所示是一段式工艺，好记便于操作，但去掉1针缝耗后，余5针颈点造成过尖，图3-14（b）、（c）都是分两段工艺，图3-14（b）缓解了颈部造型的尖形去掉1针还余6针，图3-14（c）去掉1针缝耗，使颈部饱满许多。肩斜工艺计算原则显而易见，在先快后慢基础上，两段收针次数差距宜小，那么图3-14（c）是最理想的工艺计算。持圈式肩斜收针如图3-14所示。

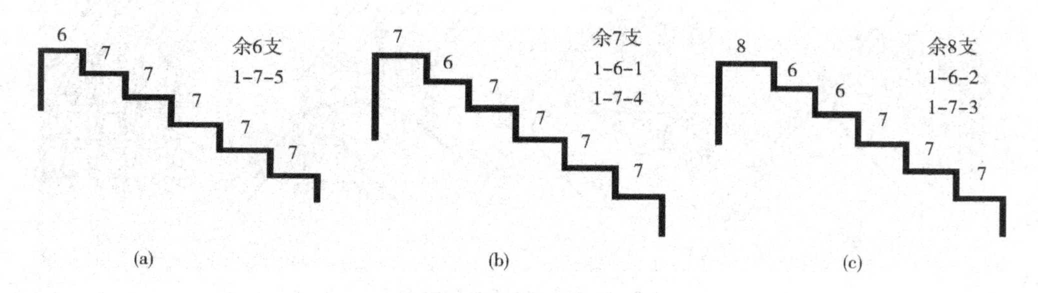

图3-14　持圈式肩斜收针

3. 加针　加针目的是使编织的衣片宽度增加，从而达到预期要求的宽度尺寸。常用加针方式分明加针和暗加针两种。

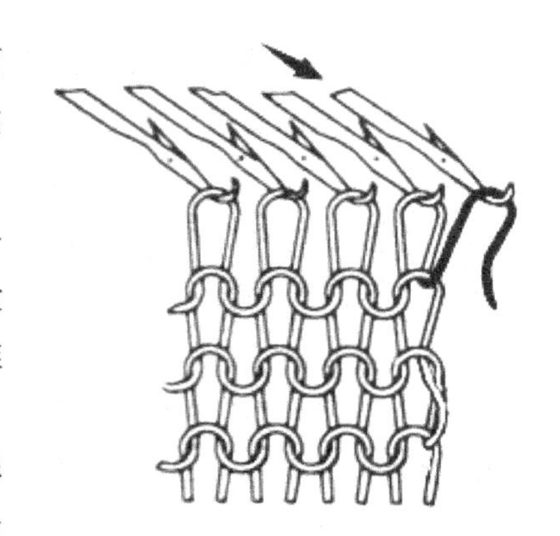

图 3－15　明加针

（1）明加针。明加针是指在织物边缘直接推空针一针到工作区，移动机头编织半转，如图 3－15 所示。一般用于男女羊毛衫腰部侧缝和袖两侧位置的加针，同时推针，几转后织物面幅增宽。

（2）暗加针。暗加针俗称“勾耳仔”。暗加针是将衫边若干针依次向外移，若移动三针，原来的第 3 针成为空针。待编织时空针位置自动加针会出现孔洞，为避免此现象，从旁边织针线圈挑起挂到空针位置，再继续编织，如图 3－16 所示。

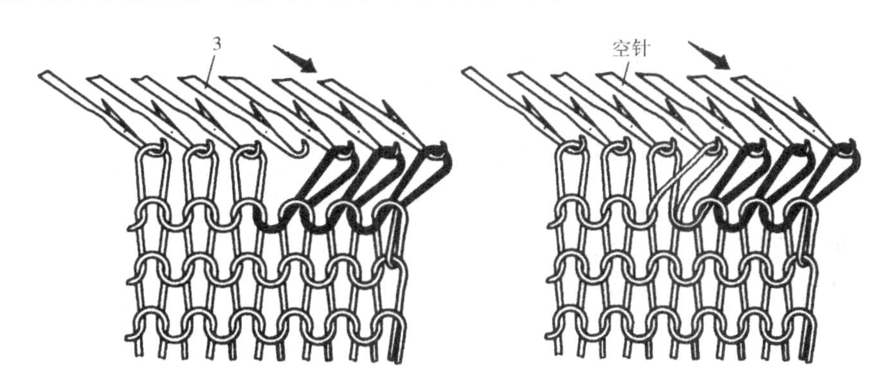

图 3－16　暗加针

八、开领的操作步骤与方法

开领有两种做法，通常用于高档羊毛衫领，是两侧分别以“移圈式明减针”编织，省线费工时，俗称“开真领”；低档羊毛衫的领两侧一起编织，沿领窝边“移圈式明减针”，中心抽针，俗称“做假领”，省时省力，浪费毛线。下面分别介绍。

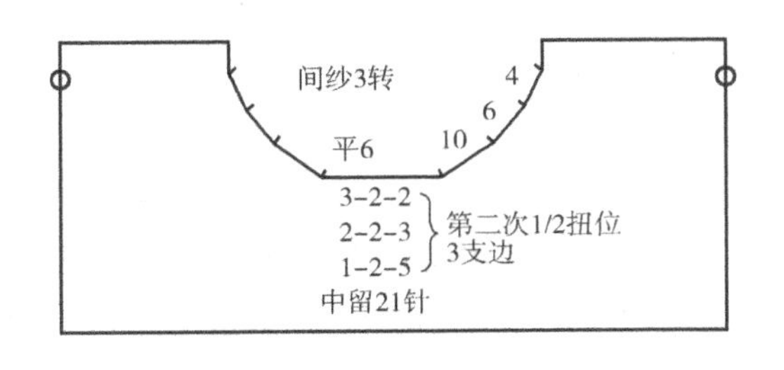

图 3－17　7G 横机开真领工艺步骤

1. 开真领做法与步骤

如图 3－17 所示为 7G 开真领工艺步骤。

（1）机头在左，中心套 21 针，作为领平位，领右侧针翻后针板，先织左侧。

（2）左边连续移圈式明减针，1 转减 2 针，反复 5 次，共收完 10 针，完成第一段收针工艺。

（3）2 转后，机头在左，移圈式明减 2 针，反复 3 次，共收了 6 针，完成第二段收针工艺。

（4）3 转，机头在左，移圈式明减 2 针，反复 2 次，共收了 4 针，完成第三段收针工艺，减针到第二次，同时左边 1/2 扭位作为肩端点记号。

（5）平6转即不减不加针，之后间纱3转。

（6）将后板织针翻到前针板，在右手边接纱线。

（7）1转机头在右，移圈式明减2针，反复5次，共减10针，完成第一段收针工艺。

（8）2转，机头在右，套减2针，反复3次，共减6针，完成第二段收针工艺。

（9）3转，机头在右，移圈式明减2针，反复2次，共收4针，完成第三段收针工艺，同时右边1/2扭位作为肩端点记号。

（10）拉6转完成领右侧减针，间纱3转。

2. 开假领工艺与步骤 如图3-18所示，开假领的要领是沿领窝位置隔1、2针抽空1针，线圈挂到相邻针上，织物呈现明显稀疏的状态。待上领时剪掉领窝纱线，包缝不影响外观，操作省工省时。

（1）机头在左，中心49针的两侧抽空1针的线圈挂到左、右邻针上，隔2针，反复将领平位抽空针。

（2）1转机头在左，隔2针抽空1针的线圈挂到左、右邻针上；再1转，反复3次，完成第一段减针。

（3）2转机头在左，隔2针抽空1针的线圈挂到左、右邻针上；反复5次完成第二段减针。

（4）4转机头在左，隔2针抽空1针的线圈挂到左、右邻针上；反复3次完成第三段减针。

（5）3转，机头在左，参见本章后的挑孔工艺。

（6）13转，机头到右，参见本章后的落片工艺。

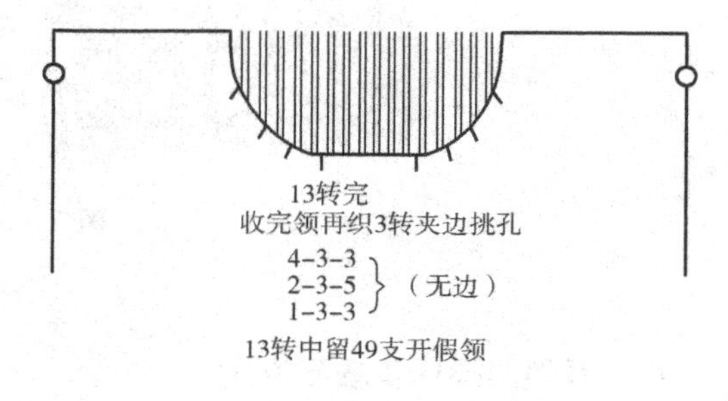

图3-18 开假领工艺步骤

提示：如果是1-2-3，中心若是减2针，就隔1针抽空1针。图3-18所示领总针数不够，只是表达中心隔2针抽空1针，达到减3针的操作工艺。

九、扭位和挑孔的目的与方法

1. “扭位” 也称“扭叉”。是在前后身的收夹后开领前，将衫片边第一针和第二针线圈调换位置，形成绞花组织结构，作为上袖尾起点到结束的记号，如此一来，袖与身缝合时容易辨认。

2. “挑孔” 行业表述为“挑吼”。常用在后领窝、肩端点或袖中的记号。肩斜的第二针线圈移动到边针上，带机头继续编织就出现一个孔，作为缝合肩斜端点的记号，适用缝耗2针的情况。如果是1针缝耗，就用“挂毛”手法做记号。

3. “挂毛” 是用与毛纱相对比的色纱挂在需要做记号的针上。

十、衫身落片的方法

羊毛衫衫片结束时，织3~4转间纱后机头停在右边，先将衫片两侧边锤、边钩、重锤取下后，左手抓住衫身片，使之具有一定牵拉力，右手逆时针旋转“驱动器棘轮”，右手再推动三角座脱离矮纱嘴架，慢慢向左边拉。当三角座拉过后衫片就落下，剪断纱线头顺手捆绑在横机腿上，以免起口时重新穿线。

十一、袖片操作步骤与方法

（1）按工艺单上的针数及要求起口，编织罗纹若干转。

（2）纬平针开始用明加针方法，先快后慢加到夹下2.5cm位置，之后为不加不减的直线板型，参见工艺单，编织若干转。

（3）按要求准备袖山高平位套针，如图3-11所示夹平位套针锁边，这里不再重复叙述。

（4）袖山减针先慢后快，与衫片同样4支边或3支边，如图3-13所示移圈式暗收花。

（5）“无边”位置采用“移圈式明减针法”。

（6）间纱之后落片，如上述“衫身落片”。

十二、开领总针数的计算方法

1. 开领三尺寸　开领需要3个尺寸，分别为前领深6cm、后领宽18.5cm、后领深2cm。按原理图画出领部原理图并标上数据（单位为：cm），如图3-19所示为领窝原理图与尺寸标注。

2. 领窝尺寸换算　领窝的尺寸由厘米换算成英寸，即10G表示缝盘每英寸有10根针、12G即缝盘每英寸是12根针，依此类推。如7G织片，用10G缝合。将领窝周长换算成英寸，便可得知领片总开针数。那么，前领平位6.17cm=2-3/8英寸，后领平位12.33cm=4-6/8英寸，后斜位3.9cm=1-4/8英寸，前领直位2cm=6/8英寸，前领斜位7.9cm=3-2/8英寸，如图3-19所示领窝原理图与尺寸标注。

3. 计算开针数　（前领斜位×2）+（前领直位×2）+（后领斜位×2）+前领平位+后领平位=（18.1英寸×10）+1（缝耗）=182针。由于是双层领片需松一些，所以10G缝盘针够用，缝耗可以只加一支。

4. 选择排针方式　领片2×1罗纹182针，先用182÷3，当余2针时，应选择“斜角1支”，领围去掉2针缝耗，刚好保持了2×1排针的规律，如图3-20所示为2×1罗纹斜角1针。其他排针法参考附录10罗纹排针方式。

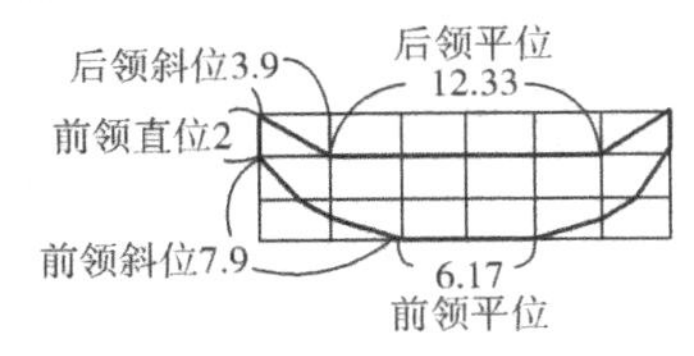

图3-19　领窝原理图与尺寸标注

图3-20　2×1罗纹斜角1针

第三节　羊毛衫缝合与后整理技术

一、缝盘穿线和缝针、缝线与缝盘机、横机的关系

1. 缝盘穿线步骤　缝盘穿线步骤示意图如图 3－21 所示。

（1）线筒放在纱线座上，上绕过支线钩。

（2）将线引入前线耳。

（3）顺势以 S 形绕过调线夹片。

（4）进入后线耳。

（5）斜入上线耳。

（6）向上过挑线弹簧。

（7）直入下线耳。

（8）由下向上穿进弯头针眼里。

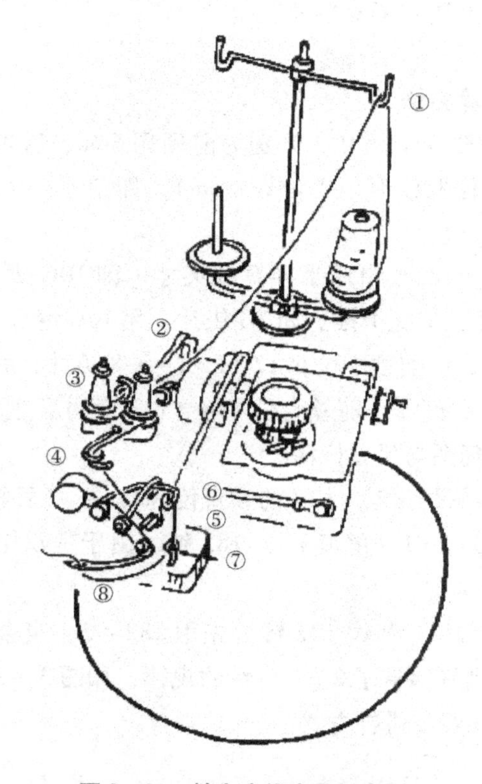

图 3－21　缝盘穿线步骤示意图

2. 横机和缝盘机型号以及缝针、缝线的关系

羊毛衫织片缝合依据缝盘机和横机型号以及缝针、缝线的匹配，见表 3－1。关于缝耗针数：16G 以上是 3 针，14G～7G 为 2 针，7G 也可做 1 针，5G 以下均为半针缝耗。

表 3－1　缝盘机、横机及缝针和缝线的匹配关系

缝盘机针数（针/25.4mm）	3	5	6	8	10	12	14	16	18	20	22
横机针数（针/25.4mm）	1.5	3.5	5	7	9	10	12	12	14	16	18
缝针型号	7			6	5		4		3		2
缝线线密度（公支）	20/2～24/2				26/2～30/2		32/2～36/2		36/2～48/2		

二、圆领套头衫缝合步骤与方法

圆领套头衫缝合工艺步骤如图 3－22 所示。先将有间纱的位置如肩、袖尾在缝盘上封口锁边，再按下列步骤缝合。

1. 拼右肩缝　在缝盘上先挂棉条，肩边位置折进 1cm，之后挂后片，再压前片，对缝是从肩端点开始至领边，之后踩电动脚踏锁边。

2. 上圆领片　先挂 1×1 罗纹领片，起口边在上，再将衫身由前到后压上，注意工艺单标注的英寸数据，以免松紧不一，之后把领片盖上包缝。

3. 拼左肩　挂棉条与右肩同，挂左肩端点至领口边，待到罗纹前片位置要对缝，使罗纹具有连续性，而罗纹里面由手工挑撞缝合。

4. 上左、右袖片　从前身夹平位过肩缝到后身片夹底，注意对花，前、后身片扭位对准袖尾平位两边，袖中孔过肩缝前约 0.5cm 或 2 针处。

5. 埋左、右夹　从衫脚边向夹底缝对缝，再至袖口边缝合，注意不能多刮半针，也不能少刮半针，保持罗纹的连续性。

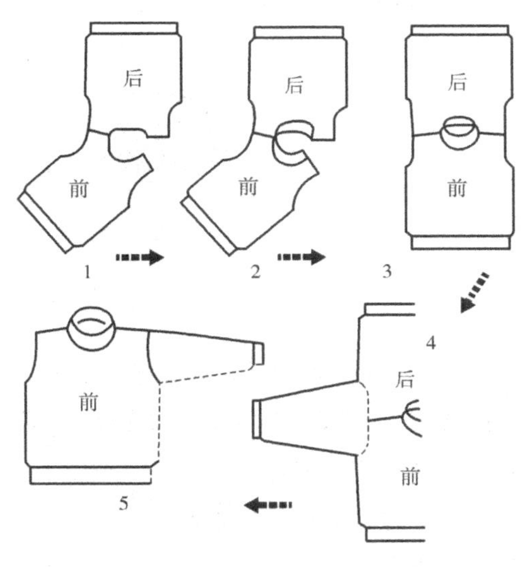

图 3－22　圆领套头衫缝合工艺步骤

三、不同领片织法与缝合工艺步骤及方法

领片织法不同，缝法必然有别。不论何种领型缝好正面都呈现短链条的线迹，反面是辫子线迹，如图 3－23 所示为缝领后的正、反面线迹。

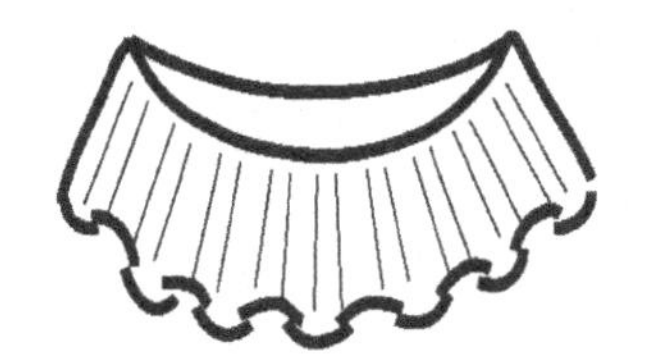

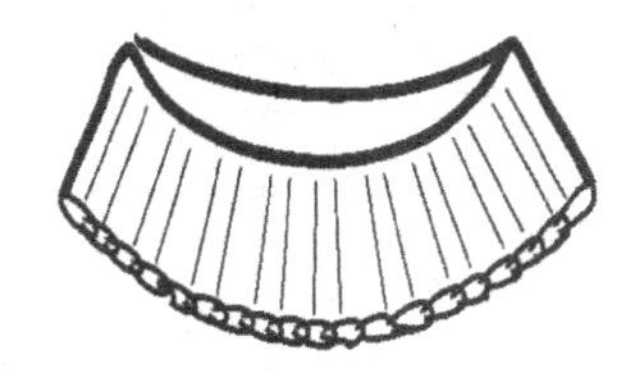

图 3－23　缝领后的正反面线迹

（一）单层罗纹领片织法与缝合工艺

单层罗纹领缝合工艺如图3－24所示。

1. 织法 单层罗纹领片编织起口时一定要“结上梳”，使之紧密。抽两次字码卡片，编织罗纹领片一半高时抽一次字码卡，继续编织到最后一转时再抽一次字码卡，线圈渐渐变长，使领片围合后周长变长，更符合颈部上细下粗的造型，也利于刮边上盘。编织到罗纹领所需高度间纱落片，准备上盘缝合。

2. 缝合工艺步骤

（1）罗纹领片倒置起口在上方，正面贴盘，反面靠操作者方向，将罗纹领片线圈逐个挂在缝盘针上。

（2）衫身领口部位正面贴挂在罗纹领片上，注意领平位、两侧的前斜位和后领窝是否与工艺单上要求的英寸数据一致，否则，领口松紧不一影响外观质量。

（3）踩电动脚踏前，先手缝一针，一定拉紧线头，再启动时逐渐加快缝合速度。

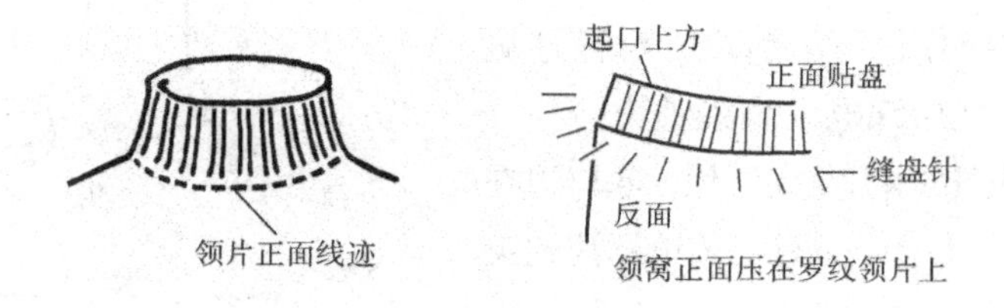

图3－24 单层罗纹领缝合工艺

（二）双层罗纹领片织法与缝合工艺

1. 织法 双层罗纹领是指编织领高两倍，对折后呈现预想的高度。双层罗纹领片起口结上梳后圆筒半转立即打开2、4三角编织，其作用是使织物边薄，线圈眼又大，容易被眼睛观察到。另从起口到双折位置共加两片字码卡，折后需放大线圈抽一次字码卡，第二次字码卡是在罗纹最后两转抽，使折后领口周长比刚起口的领口长，便于刮边上盘。

2. 缝合步骤 双层罗纹领缝合工艺如图3－25所示。

（1）先倒挂领片，起口边在上，正面贴缝盘。

（2）身片的领口位均匀贴挂于缝盘，注意衫片领口与缝盘英寸数据对应，避免衫身领口位置与领片位置松紧不一致。

（3）将罗纹领片折后均匀地盖压在身片领窝位置上，再踩电动脚踏。

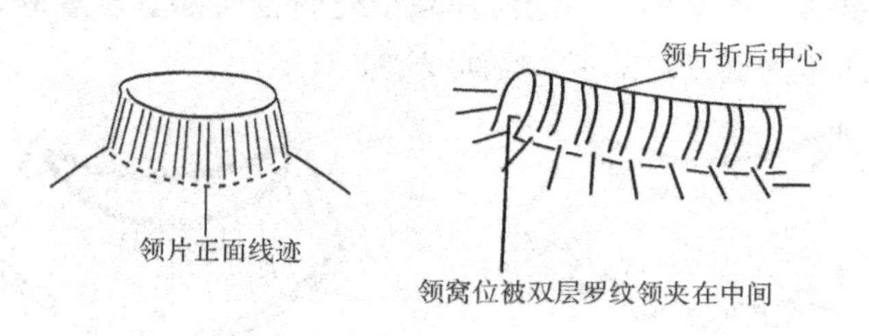

图3－25 双层罗纹领缝合工艺图示

（三）罗纹圆筒领片织法及缝合工艺

罗纹圆筒领片的织法及缝合工艺如图 3－26 所示。

1. 织法 罗纹圆筒领片是指先编织罗纹组织，接着编织圆筒组织，再包缝衫片的领型。如图 3－26 所示，共开 463 针，前针板 232 针，后针板 231 针，圆筒 1 转后编织 10.5 转，这时机头在右，将罗纹针之间的空针推到工作位置即“顶密针”，1 转半后机头就在左边了。再编织 6 转，机头还在左，“放眼”是指“抽字码卡”后，线圈被放大织 1 转，再编织 2 转，再间纱 7 转落片。

2. 缝合工艺 罗纹圆筒领缝合工艺如图 3－27 所示。

（1）先挂领片，圆筒位置正面贴缝盘，罗纹起口在上。

（2）身片领口位均匀贴挂于缝盘，注意衫片领口与缝盘英寸数据对应，检查是否符合领口设计的要求。

（3）将圆筒反面均匀地盖压在衫身片领口上，再踩脚踏。

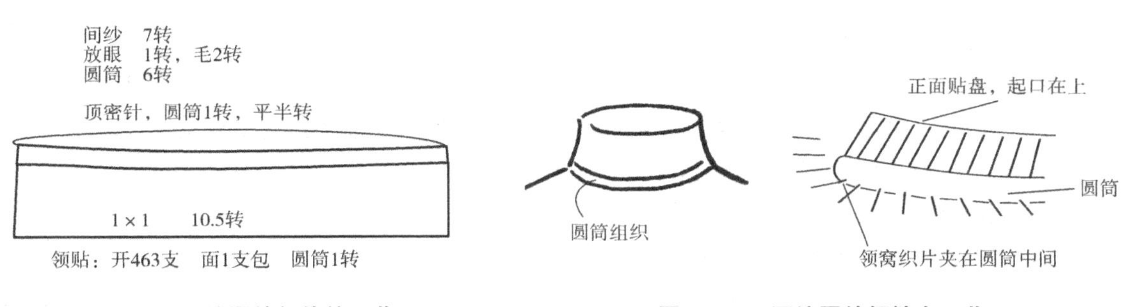

图 3－26 罗纹圆筒领片的工艺 **图 3－27 罗纹圆筒领缝合工艺**

（四）纬平针组织对折的包领缝合工艺

纬平针组织对折的包领缝合工艺如图 3－28 所示。

1. 织法 编织双倍领高的纬平针组织，间纱落片。

2. 缝合工艺

（1）先挂领片，正面贴缝盘，拆掉间纱。

（2）身片的领口位均匀贴挂于缝盘，注意衫片领口与缝盘英寸数据对应，检查是否符合设计要求。

（3）将领片折后起口位置均匀地盖压在身片上，再踩脚踏。

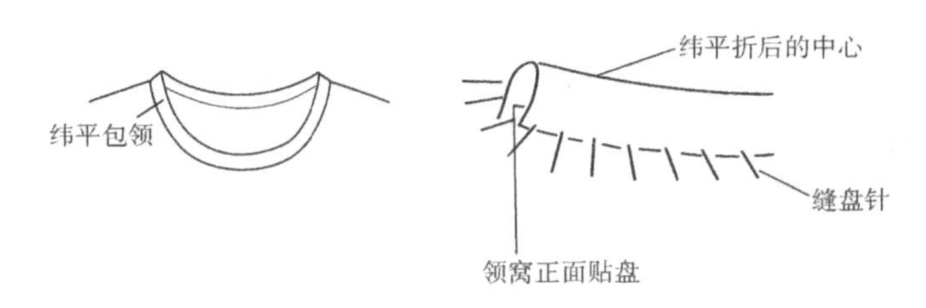

图 3－28 纬平针对折的包领缝合工艺

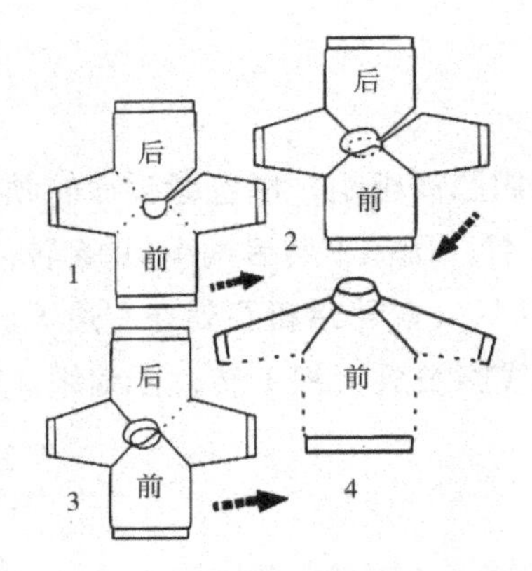

图3－29 插肩袖套头衫缝合工艺步骤

四、插肩袖缝合步骤及要领

插肩袖套头衫缝合工艺步骤如图3－29所示。

1. 留出后背左斜插肩缝 拼后背右斜插和前身左、右斜插肩缝。后片正面靠操作者方向挂盘，之后袖片反面对操作者方向，即织物正面对正面，关键收针位置需花对花，左、右身片与袖片都如此对花。

2. 上圆领片 先挂罗纹领片，再将衫身领窝位置由前到后压在罗纹领片上，之后把领片圆筒盖上身片包缝。

3. 拼后背左斜插缝 正面对正面挂在缝盘上，把握花对花，由夹底部缝至罗纹领位置边，罗纹领由手工挑撞缝合。

4. 埋夹 从衫脚边向夹底位置缝对缝，再至袖口边缝合。

五、羊毛衫清洁与蒸烫定型

羊毛衫通过清洗、蒸烫定型使产品具有稳定的标准规格，外观造型展现得更美观，绒面丰满、具有光泽，手感柔软且有弹性，全面提高羊毛衫档次与品质。后整理的工艺流程主要有清洗脱水、烘干、蒸烫定型。

（一）清洗脱水

清洗脱水采用离心脱水机，操作时注意以下事项。

（1）位置要求。放置羊毛衫要均匀一致，盖好防护罩，避免开机后摇晃严重或羊毛衫被甩出笼。一旦有此情况应立刻停机，调整羊毛衫摆放平衡或压好防护罩，再开机运转。

（2）脱水要求。脱水一般按先高档后低挡的顺序，去污一般按先浅色后深色的顺序。尤其受到横机铁锈污染，易浸透白色或浅色毛衫。使用去污精使其去掉锈水，也适用任何质地的羊毛衫。羊毛衫柔软常用硅油，适宜大多数羊毛衫色彩，黑宝蓝色用硅粉。

（3）含水率要求。羊毛衫脱水后的含水率一般控制在20%～40%，多色羊毛衫含水率偏低，以防相互转色。

（4）维修要求。定期对机器进行上油和检修，尤其脱水前要做好清洁工作。

（二）烘干

1. 烘干温度 现代企业多使用立式烘箱式样的烘干机，烘干温度一般分为四种。

（1）化纤类羊毛纱选择60～80℃。

（2）混纺类羊毛纱选择75～85℃。

（3）纯毛类羊毛纱选择80～100℃。

（4）烘干时间控制在15～30s不等。

2. 操作时注意事项

（1）烘干前应做好清洁工作，并检查机器的运转情况是否正常。

（2）一个品种中各种色泽羊毛衫分别烘干，先浅色后深色是常规操作方法。

（3）由于烘干兔毛、羊仔毛产品容易掉毛，应及时清洗烘干机，防止掉毛粘其他产品上。

（4）机器停车后，关闭进气阀，开启回气阀，使散热器内的水分快速全部流出。

（三）蒸烫定型

1. 蒸烫定型具体要求 现代企业多使用蒸烫定型机。适合纯毛、混纺、纯化纤各类羊毛衫蒸烫定型。蒸烫前将羊毛衫先套在与其相符的规格烫板外，一件羊毛衫蒸烫定型好与否的关键有三点。

（1）蒸汽熨斗温度、时间与给湿。

（2）蒸汽熨斗与羊毛衫的距离与压力数值。

（3）羊毛衫式样的具体整理要求。

2. 蒸汽熨斗温度与时间

（1）腈纶毛衫定型温度为60～70℃，定型时间为0.5～1s。

（2）混纺毛纱定型温度为70～100℃，定型时间为1～3s。

（3）纯羊毛定型温度为120～160℃，定型时间为2～6s。

（4）加温同时给湿，水少，高温使羊毛衫织物发脆或烫黄、发焦，水多、定型不良，羊毛衫身骨不挺，容易变形。甚者，羊毛衫封于塑料袋中，一定时间后产生霉变。

3. 蒸汽熨斗与羊毛衫的距离及压力数值

（1）羊毛衫熨烫一般离开织物表面，距离为2～5cm。

（2）纯毛织物：距离为2～3cm，混纺织物：距离为3～4cm。

（3）纯化纤毛衫织物：距离为4～5cm。

（4）蒸汽压力通常控制在3kg左右。罗纹位置在1kg处，或更低些，熨斗停留更短暂，约0.5s，确保凹凸效果无损。总之，纯毛压力大，混纺织物次之，纯化纤毛衫最小，压力过大，织物表面呈现极光且硬板的效果。对于纯化纤羊毛衫，最好垫一块白布，以免织物受损，影响穿着舒适性。

操作时注意以下事项。

一是定型前对工作台面进行清洁，检查机器的工作情况。

二是严格按产品工艺要求，控制蒸烫温度和时间进行定型。

三是熟练地应用抽冷装置，确保蒸烫定型质量。

四是定期对机器进行检修，工作结束立刻关闭电源和蒸汽开关。

六、蒸烫样板设计及羊毛衫式样整理要求

（一）蒸烫样板设计

羊毛衫蒸烫样板是保证毛衫款式、规格的必备工具，蒸烫样板设计的好坏直接影响羊毛衫质量品质。其式样、规格是根据产品具体款式、规格而定。通常采用三合板制作。一般大身样板的胸宽比成品规格多加1～2cm；样板长为成品规格加长5～8cm；领颈高出5cm左右；肩倾斜18～20cm；平袖样板长度比成品规格长8cm左右；袖挂肩比规格长1cm左右，袖口宽

为8～10cm。

（二）羊毛衫式样整理要求

1. 袖子 先套袖子烫板，再理直袖底缝，折后0.5cm左右，挂肩缝倒向袖子方向，先烫后面，再烫前面，两袖长短一致。针纹垂直，待冷却后抽出烫板。

2. 大身 羊毛衫套在烫板后，关注身两侧的缝是否折后0.5cm左右，左右两面肩宽一致，先烫后身，再烫前身，下摆罗纹必须成一水平线，针纹笔直，再蒸烫。

3. 领型 V领口中心线两侧对称，罗纹边宽窄一致，圆领圆顺。前领按要求低于后领尺寸。翻领熨烫注意前领尖左、右大小一致，后领要平整。

4. 开衫、开背心 门襟挺括，外门襟要与内门襟叠齐，门襟两边下摆罗纹高低一致，两侧袋高一致，袋口边拉平理直。背心前夹小于后夹，弯曲成圆弧形。

5. 缝子 所有缝子要平而直，做到缝子一面倒。大身、肩、袖缝子要蒸烫定型。

思考与实践题

1. 理解字码卡片的作用，尝试用“字码卡片”调节密度？
2. 2×1开针板不同于1×1开针板，操作工艺有哪个步骤不同？
3. 熟练操作圆筒起口工艺，根据造型特点思考适合用于什么款式？
4. 熟练掌握3支边和4支边的减针工艺？
5. 尝试开真领工艺，减针是用“无边”法还是用“暗收花”法？
6. 熟练假领工艺，思考与真领工艺的区别。
7. 如果羊毛衫身片正面夹位预想看见2针，缝耗是2针，工艺设计几针？
8. 练习领围厘米到英寸的换算和总开针公式及适当排针方式的选择。
9. 反复练习穿线，尝试缝合衣片。
10. 衣片上盘时，避免挂“单丝”，影响接缝处的牢固度和外观效果？
11. 练习高领缝合程序，使之翻折后没有缝骨。
12. 不同品质纱线，为什么温度有别？
13. 尝试熨烫过程中左、右手的配合与款型整理。
14. 罗纹位置用力一定要轻，尝试不接触，只靠蒸汽熨烫完成。

第四章　装袖类套头衫板型与生产工艺

本章知识点

1. 了解装袖类套头衫板型原理，掌握制图方法。
2. 熟练掌握装袖类套头衫板型计算公式。
3. 掌握纬平针组织圆领弯夹肩缝女套头衫、男圆领、V领、弯夹长袖衫工艺单的写法。
4. 了解男T恤衫领配背肩缝羊毛衫的工艺单填写。

第一节　女圆领套头衫板型设计原理与工艺计算

一、女圆领弯夹肩缝套头衫板型设计

女圆领弯夹肩缝套头衫基本板型设计综合了日本文化式原型设计原理和我国服装业普遍使用的比例分配法中的四分法，又吸收了羊毛衫款式工艺设计的特点，归纳总结出这种以羊毛衫成品规格和胸围尺寸为基准的推算方法。根据其基本板型原理，可以变化出各类羊毛衫板型，这也是该板型设计原理最受欢迎的原因所在。该板型设计制图方法易学易懂，样板直观，同样适合男装弯夹肩缝造型。因此具有较好的适应性。

（一）身片基础线画法

女圆领弯夹肩缝套头衫身片基础线如图4－1所示，基本板型参照表4－1女装袖4.5系列162/95号型尺寸，以cm为单位绘制，步骤如下。

表4－1　女装袖4.5系列162/95号型尺寸　　单位：cm

名称	衫长	胸围	夹深	肩宽	腰高	脚高	袖长	袖宽	袖口	袖中线	袖罗	袖尾	后领宽	前领深	领罗高
尺寸	58	95	21	36.5	37	6	53	17	10.5	12.4	4	8	17	7.4	2.5

1. 外轮廓线　衫长与二分之一胸围连成$a \sim b \sim c \sim d$长方形。

2. 肩宽线　肩宽尺寸乘以0.95（修正值）后除以2，得到前肩宽m点和后肩宽k点。

3. 肩斜线　以夹深线为起点，m和k直下3cm或3.5cm与前、后片颈肩点连接，即肩斜线。

4. 夹深线　根据表4－2中男、女夹深、袖山高及袖尾参数计算公式求得95cm胸围夹深线再加肩斜高度，得到$k \sim l$、$m \sim n$，之后连接$e \sim f$胸围线。

5. 腰高线 以女羊毛衫装袖4.5系列162/95号型得到$a \sim g$、$b \sim h$腰高线。也可用衫长乘以0.618得到腰高线。

6. 脚高线 参见表4－1女装袖4.5系列162/95号型直接得到$i \sim j$脚高线。

7. 夹下侧缝线 以胸围尺寸的四分之一加0.5cm求得前片半胸宽垂直线，即夹下侧缝线。

8. 半领宽 后领宽尺寸除以2，后领与前领同样宽。后领窝直下1.5～2.0cm连线成扁长条格，或以后领宽尺寸的1/9～1/10为后领窝深度。

9. 前领深 按规格表4－1中的尺寸直下7.4cm连线成方格，或参考女圆领弯夹肩缝工艺计算公式，求得前领深尺寸。

表4－2 男、女夹深、袖山高及袖尾参数计算公式 单位：cm

胸围	夹深	袖山高	袖尾参数
80	1/6胸围+5	夹深－（袖尾÷2）×0.9	10/胸围－1
85	1/6胸围+5	夹深－（袖尾÷2）×0.9	10/胸围－1
90	1/6胸围+5	夹深－（袖尾÷2）×0.9	10/胸围－1
95	1/6胸围+5	夹深－（袖尾÷2）×0.9	10/胸围－1
100	1/6胸围+5	夹深－（袖尾÷2）×0.9	10/胸围－1
105	1/6胸围+4.5	夹深－（袖尾÷2）×0.9	10/胸围－1
110	1/6胸围+4.5	夹深－（袖尾÷2）×0.9	10/胸围－1
115	1/6胸围+4.5	夹深－（袖尾÷2）×0.9	10/胸围－1
120	1/6胸围+4.5	夹深－（袖尾÷2）×0.9	10/胸围－1
125	1/6胸围+4.5	夹深－（袖尾÷2）×0.9	10/胸围－1

（二）身片完成线画法

女圆领弯夹肩缝套头衫身片完成线如图4－2所示。板型完成线是在基础线的基础上，讲解领窝曲线、夹曲线、收腰曲线和肩推后的连接方法及作用。

1. 领窝完成线 先在领方格内分九宫格。右下方“领平位”和左上方“领直位”都属于不加针不减针的直线板型。中间通过a、b、c多段直线相切，得到领窝曲线板型。应注意的是a段减针到左第一格右直线1/2高度，b段至左第一格顶线1/2处。而c段至第二格左顶点结束。领窝曲线最少三段收完针，12G以上四段，16G以上五段收完针。总之，领窝曲线收针应以先快后慢为原则才有圆顺的板型效果。

2. 前夹完成线 先在肩端点至n夹底等分3段。底段即夹曲线位置，在其中竖分四等分，横分三段。前片左第一格夹平位留1.5cm，即一次性平收针完成。其余分a、b、c三段收。a段至第一排的第二格右顶点，b段至第二排第三格顶线1/2处，c段到第四排第三格右顶点。如粗纱线羊毛衫也可分两段收完，a段顶点在b段中间。夹收针仍然以先快后慢为原则，夹板型才符合人体体形以及运动规律而穿着舒适。

3. 后夹完成线 后夹与前夹相同竖向四等分，横向三等分。后夹平位留1cm。其余分 *a*、*b*、*c* 三段收。*a* 段至第一排中间格顶线1/2处，*b* 段到第二排第一格右顶点，*c* 段至第四排左顶点。如两段收针在 *b* 段中间。仍以先快后慢的原则减针。若是背心款式后夹收针结束点可提高2cm，使其背部板型饱满，俗称“后冚前”。

4. 腰完成线 在 *g* ~ *h* 腰高线的上、下各浮动1.5cm合为3cm腰直位。夹下直位留2.5cm，从腰直位下线到罗纹上之间取1/5尺寸为直位，均属于不加不减的直线板型。腰直位下线分 *a* 段长、*b* 段短，先慢后快减针，而腰直位上线连接到夹下直位分为两段，*a* 段短、*b* 段长，先快后慢加针，如此腰曲线变化优美。

5. 前、后肩完成线 在前片肩斜线位置上浮0.5cm，后片肩斜线下移0.5cm，使羊毛衫缝偏后片。因此，不论羊毛衫穿在人体后的立体效果，还是羊毛衫平面展示都回避了缝在前片，从而使羊毛衫更加美观。

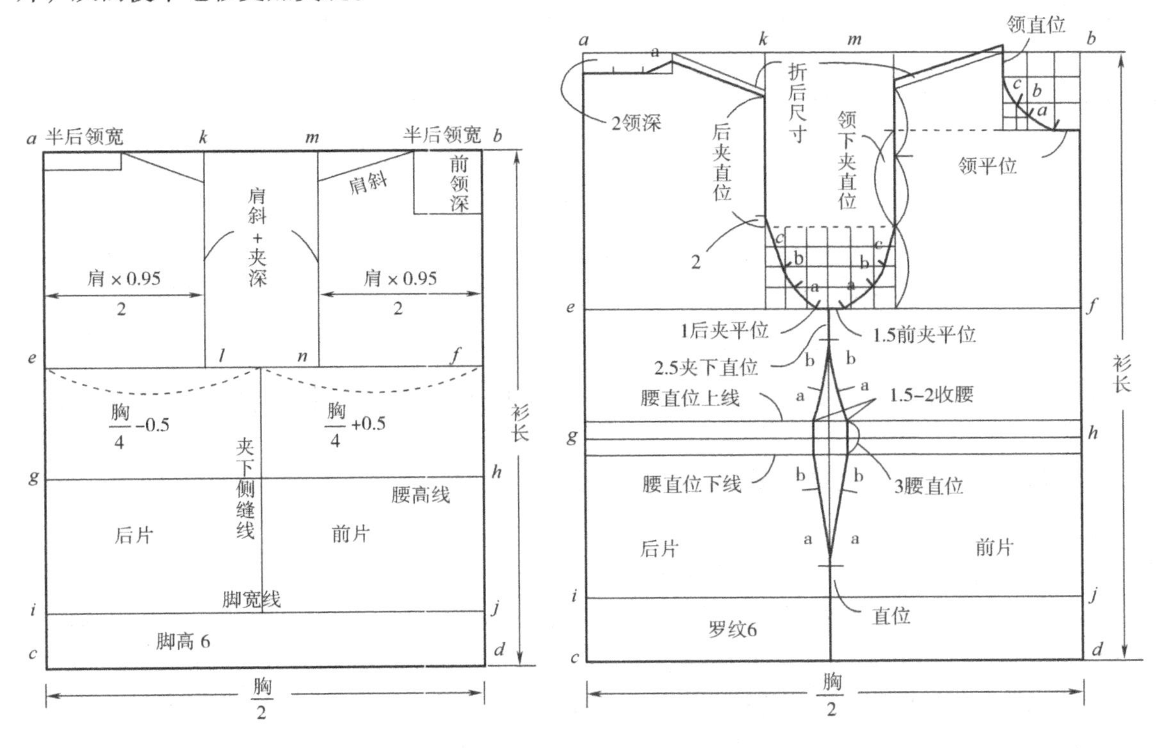

图4-1 女圆领弯夹肩缝套头衫身片基础线

图4-2 女圆领弯夹肩缝套头衫身片完成线

（三）袖片基础线画法

袖片板型基础线按表4-1女装袖4.5系列162/95号型尺寸绘制。制图步骤如图4-3所示。

1. 外轮廓线 袖长的0.97%和袖宽的2倍乘以1.05（修正值）得到的尺寸画出 *o* ~ *p* ~ *q* ~ *r* 长方形外轮廓线。

2. 袖山高 参考表4-2袖山高公式，按95cm胸围计算公式得到 *s* ~ *t* 袖山高尺寸。

3. 袖中线 在 *o* ~ *p* 的二分之一画垂直线，得到 *w* ~ *x* 为袖中线。

4. 袖口线 根据袖罗尺寸直接连 $u \sim v$ 为袖口线。

（四）袖片完成线画法

袖片板型完成线是在袖片基础线的基础上，讲解袖山弧线和袖侧缝线的加针方法与作用。图 4－4 所示为袖片完成线。

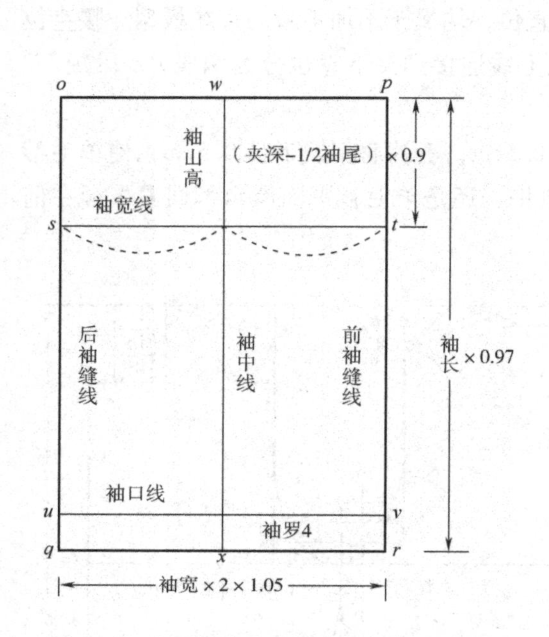

图 4－3 女圆领弯夹肩缝套头衫袖片基础线

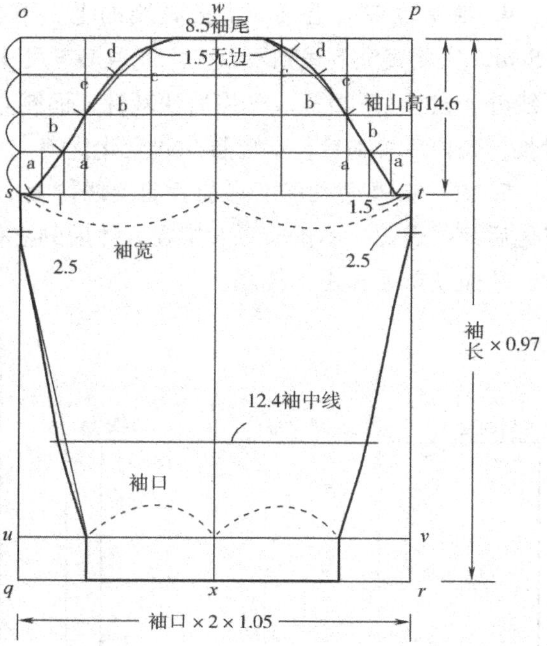

图 4－4 女圆领弯夹肩缝套头衫袖片完成线

1. 袖山弧线 在袖山高位置 $o \sim p \sim t \sim s$ 之间，竖向六等分、横向四等分，画横、竖垂直线。

2. 夹平位 前夹留 1.5cm、后夹留 1cm。

3. 袖尾 袖尾根据表 4－2 男、女夹深、袖山高及袖尾参数计算公式，95cm 胸围袖尾求得 8.5cm。

4. 袖山弧线 袖尾两端向两侧扩 1.5cm 为无边段，约 1cm 深度。由此袖山高外线至夹底平位共分四段 a、b、c、d 参考线，细纱线也可增加到五段收完针。袖山弧内线 a、b、c 三段适用粗纱线的袖片板型。

5. 袖山高外弧线连接

（1）a 段。从夹平位到第一格顶线的 2/3 点上。

（2）b 段。到第二排第一格左顶点。

（3）c 段。到第三排第二格右 1/2 点上。

（4）d 段。此段与无边底点连接。

6. 袖山高内弧线 a、b、c 三段连接，适宜粗纱线袖片板型。

（1）a 段。跨越 a、b 两段直接到第二排第二格右顶点，即外 c 段底点连接。

（2）*b* 段。即外弧线的 *c* 段 1/3 点上。

（3）*c* 段。与无边底点连接。

7. 袖侧缝线　夹下前、后片均留 2.5cm 夹直位，即不加不减针板型。袖侧缝线分两段加针，*a* 段从单边起到袖中线高度，如表 1－1 女毛衫 4.5 系列成品规格中的 162/95 号型袖中线尺寸为 12.4 cm。*b* 段由此至夹下直位底点连接，构成 *a* 段快、*b* 段缓的加针板型。这样可使肘部余量较大，适宜人体手臂抬举而便于活动。

（五）关于板型应用

1. 领板型　九宫格只适合圆领。船领板型的前领平位不能是后领宽的 1/3，要根据款式进行调整。

2. 夹平位　夹平位适合胸围尺寸较大，体型肥胖的人群。如此，夹平位可适度增加。如果胸宽与肩宽的间距小，可以不设计夹平位，直接分段减针。还有的工艺先设计无边，当作平位再分段减针。图 4－5 所示为夹无平位的工艺减针法。

3. 袖山高弧线　袖山高与袖夹也可以无平位相配，仍以先慢后快收针，如图 4－6 所示为袖山高无平位的工艺减针法。

4-3-2
3-3-4 }（4支边）
2-3-3
1转
1-2-3（无边）
(a)前夹

5-3-2
4-3-2 {
3-3-3
1转
1-2-3（无边）
(b)后夹

图 4－5　夹无平位的工艺减针法

2转
1-2-3　（无边）
2-3-11
12G 3-3-10 }（4支边）
4-3-5
1转
1-2-3　（无边）

图 4－6　袖山高无平位的工艺减针法

二、女圆领弯夹肩缝套头衫板型计算

下面讲到的计算公式是根据女圆领弯夹肩缝套头衫板型原理图，再加缝耗设计的。各种机型缝耗针数有所不同，这里以横向一侧加 2 针、两侧加 4 针缝耗，衫片上加 2 转缝耗为例。公式中所有乘以“修正值”目的是排除受织物牵拉而调整恢复原尺寸的作用。

男羊毛衫板型在身直筒型基础上，身脚板型两侧分别向内缩 2～3cm，加针至夹下 10cm。因此，男弯夹肩缝类羊毛衫同样可使用以下公式。

（一）前片各部位的计算

1. 胸宽针数

胸宽针数（衫脚罗纹上梳针数）＝横密×（胸宽尺寸＋1cm）＋4 针

2. 衫长转数

衫长转数（纬平针段）＝纵密×［（衫长尺寸—脚罗纹尺寸）＋0.5cm（折后尺寸）］＋2 转

3. 收腰针数

收腰针数＝横密×1.5cm

4. 腰直位转数

腰直位转数＝纵密×3cm（腰直位尺寸）

5. 腰直位下转数

腰直位下转数 = 纵密 × [（衫长尺寸 - 脚罗纹尺寸）- 腰高尺寸 - 1.5 × 腰高下移尺寸]

6. 夹深转数

夹深转数 = 纵密 ×（夹深尺寸 + 0.5cm 折后尺寸）

7. 肩斜转数

肩斜转数 = 纵密 × 肩斜尺寸

8. 夹下转数

夹下转数 = 衫长转数 - 肩斜转数 - 夹深转数

9. 收腰计算

已知“腰直位下转数”和“收腰针数”，根据弯夹肩缝套头衫板型原理图，以先慢后快减针至腰直位下。

10. 腰直位上转数

腰直位上转数 = 夹下转数 - 腰直位下转数 - 腰直位转数

11. 肩宽针数

肩宽针数 =（横密 × 肩宽尺寸）× 修正值（女 0.95，男 0.97）+ 4 针

12. 夹收针数

夹收针数 =（胸宽针数 - 肩宽针数）÷ 2

13. 收夹转数

收夹转数 = 纵密 ×（夹深尺寸 ÷ 3）

14. 收夹弧线计算

已知“收夹转数”和“夹收针数”，参见图 4 - 2 女弯夹肩缝套头衫身片完成线原理图中夹曲线进行分段计算。

15. 领深转数

领深转数 = 纵密 × [前领深尺寸 + 0.5cm（折后尺寸）]

领深转数 = 纵密 × [（领围尺寸 ÷ 5 - 0.5cm）+ 0.5cm（折后尺寸）]

16. 前领深下转数

前领深下转数 = 衫长转数 - 前领深转数

17. 半领宽针数

半领宽针数 = 横密 ×（后领宽尺寸 ÷ 2）

18. 领下夹直位转数

领下夹直位转数 = 领深下转数 - 夹下转数 - 收夹转数

19. 收领弧线计算

已知“半领宽针数”和“领深转数”，参照领板型原理图进行分段计算。

（二）后片各部位的计算

1. 胸宽针数

胸宽针数 = 横密 ×（胸宽尺寸 - 1cm）+ 4 针（两侧缝耗）

2. 衫长转数

衫长转数（纬平针段）=纵密×［衫长尺寸-脚罗纹尺寸-0.5cm（折后尺寸）］+2转

3. 夹收针数

夹收针数=（胸宽针数-前片肩宽针数）÷2

4. 收夹转数

收夹转数的计算与前片相同。如果是背心后夹则提高2cm的转数。

5. 半领宽针数

半领宽针数的计算与前片相同。

6. 收夹弧线计算

已知“收夹转数”和“夹收针数”，参考弯夹肩缝套头衫板型原理图进行分段计算。

7. 领深转数

女式： 领深转数=纵密×［1.5cm或2cm（领深尺寸）-0.5cm（折后尺寸）］

男式： 领深转数=纵密×［2cm（领深尺寸）-0.5cm（折后尺寸）］

8. 收领弧线计算

已知“半领宽针数”和“领深转数”参照弯夹肩缝套头衫板型原理图进行分段计算。

（三）袖片各部位的计算

1. 半袖宽针数

半袖宽针数=（横密×袖宽尺寸）×修正值（102%或105%）+2针

2. 半袖口针数

半袖口针数（针）=（横密×袖口尺寸）÷2

3. 袖口罗纹上梳针数

袖口罗纹上梳针数=半袖口针数×2+4针

4. 袖长转数

袖长转数（纬平针段）=［纵密×（袖长尺寸-罗纹尺寸）］×0.97（修正值）+2转

5. 袖山高转数

袖山高转数=（纵密×袖山高参考值）×0.97（修正值）

6. 袖山高下转数

袖山高下转数=袖长转数-袖山高转数

7. 半袖尾针数

半袖尾针数=横密×半袖尾尺寸+2针

半袖尾尺寸参考表4-2袖尾计算公式求得。

8. 袖山高收针数

袖山高收针数=半袖宽针数-半袖尾针数

9. 袖山高弧线计算

已知“袖山高转数”和“袖山高收针数”，参照弯夹肩缝套头衫板型原理图进行分段计算。

10. 袖侧缝线加针数

袖侧缝线加针数=半袖宽针数-半袖口针数

11. 袖侧缝线加针计算

已知“袖山高下转数”和“袖侧缝线加针数”，参照弯夹肩缝套头衫板型原理图进行分段计算。

第二节　女式弯夹肩缝套头衫生产工艺

一、女圆领弯夹肩缝套头衫

（一）款式特征

女圆领弯夹肩缝套头衫有收腰，袖、脚采用2×1罗纹。图4－7所示为圆领弯夹肩缝套头衫。

图4－7　女圆领弯夹肩缝套头衫

（二）生产工艺

表4－3为女圆领弯夹肩缝套头衫生产通知单，表4－4为女圆领弯夹肩缝套头衫生产工艺单。

表 4-3　女圆领弯夹肩缝套头衫生产通知单

××针织厂有限公司——样板生产通知单(初)

单号:ORDER NO. ______
款号:STYLE NO. ______
发单日期:DATE. ______

部位 POSITION ＼ 尺码 SIZE	S	M	L	XL	XXL
1. 衫长(领边至衫脚)Body length - HSP to bottom edge		58			
2. 胸宽(夹下1英寸度) Chest Width - 1"Below armhole		47.5			
3. 肩宽(缝至缝) shoulder Width - Seam to Seam		36.5			
4. 肩斜(领边至肩缝)shoulder slope - HSP to Seam		3.5			
5. 腰长(领边至腰细处)Waist length - from HSP to the most Thin waist		37			
6. 脚宽(衫脚顶度)Bottom Width - edge to edge		47.5			
7. 脚高(衫脚罗纹高)Bottom rib height		6			
8. 夹深(缝至缝垂直度)Armhole Width - Vertical/seam to seam		21			
9. 装袖长(肩缝至袖边)Sleeve length - From shoulder point to seam		53			
10. 袖宽(袖夹下1英寸度)Sleeve Width - 1" Below armhole		16.5			
11. 袖口宽(罗纹顶度)Sleeve Cuff Width - at the top of the rib		10.5			
12. 袖口高(袖罗纹高)Sleeve Cuff height		4			
13. 前领深(领边至骨) Front neck drop - HPS to seam		7.4			
14. 后领宽(骨至骨)Back neck width - edge to edge		17			
15. 后领深(领边至骨)Back neck drop - HPS to Seam		2			
16. 领贴高(侧边度)Neck Trim height - From side		4.5			

日期(delivery)：　年　月　日

款式名称(Description) 女圆领弯夹肩缝套头衫—单边
毛纱品质(Quality)　32/2 公支,100%棉
成品重量(weight)　　磅(lbs)/打(Doz)
交货日期(ship date)　年　月　日
交毛日期(Yarn delivery date)　年　月　日
款样(Style)

厂名(Factory)　××针织厂
客名(Client)
1 客号(Client no.)
针型(Gauge)7G　缝盘(Sewing)8 G
数量(Quantity)　1 件批(sample)
色号(Color NO.)
A　绿色　1 件
B
C
D
配料(Accessories)
备注(Remarks)

工艺说明(Remarks)
1. 大身前片、后片、袖单边。领、衫脚、袖口 2×1 罗纹。
2. 单层领贴 2×1 罗纹直接上盘与身缝。
3. 夹收 4 支花,面留 2 针。
4. 前后幅衫脚侧缝要做一样高。
5. 所有缝线不可过紧。

制单人: PREPARED BY	主管: DIRECTOR	复核: APPROVED BY

表 4-4　女圆领弯夹肩缝套头衫生产工艺单

××针织厂有限公司——样板生产工艺单

单号：ORDER　NO. ______
款号：STYLE　NO. ______
发单日期：DATE. ______

款名：女圆领弯夹肩缝长袖衫—单边	针型：7G	缝盘：10G	尺码：M	制单人：
客名：	客号（Client no.）：		备注：	

32/2 公支，毛 2 条，单边，身面 10 针横拉，2-6/8 英寸，100% 棉

32/2 公支，毛 2 条，2×1 罗纹，衫脚底、面 15 针横拉，3-3/8 英寸，100% 棉

密度	大身 3.75×2.75×0.24		
	衫脚、领罗纹：1cm² 织 3.5 转		
落机重量（磅）	全长拉（英寸）	收夹 4	支边
前片	38-5/8	收领	支边
后片		收膊	支边
袖	8-1/2	收腰	支边
领		生产数量	
贴		XS	打
袋		S	打
带		M	打
每件衫重：　磅		L	打
每打衫重：　磅		XL	打

工艺与操作说明：

1. 大身前片、后片、袖片单边。
2. 领、衫脚、袖口 2×1 罗纹。
3. 缝耗 2 针，面留 2 针花。
4. 前片、后片的衫脚罗纹做一样长。
5. 所有缝线不可过紧。

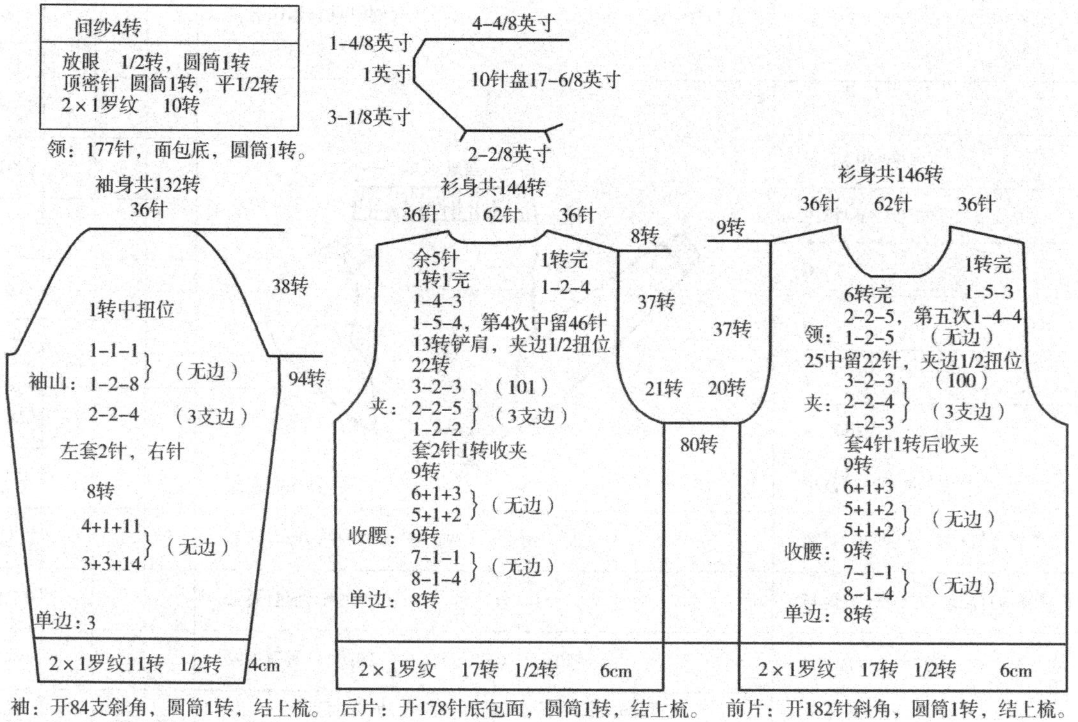

间纱4转
放眼　1/2转，圆筒1转
顶密针　圆筒1转，平1/2转
2×1罗纹　10转

领：177针，面包底，圆筒1转。

4-4/8英寸
1-4/8英寸
1英寸
10针盘17-6/8英寸
3-1/8英寸
2-2/8英寸

袖身共132转
36针
38转
1转中扭位
袖山：1-1-1、1-2-8 }（无边）
2-2-4　（3支边）
94转
左套2针，右针
8转
4+1+11、3+3+14 }（无边）
单边：3
2×1罗纹11转　1/2转　4cm

袖：开84支斜角，圆筒1转，结上梳。

衫身共144转
36针　62针　36针
8转
余5针　1转完
1转1完　1-2-4
1-4-3
1-5-4，第4次中留46针
13转铲肩，夹边1/2扭位
22转
37转
夹：3-2-3（101）、2-2-5、1-2-2 }（3支边）
21转
套2针1转收夹
9转
6+1+3、5+1+2 }（无边）
收腰：9转
7-1-1、8-1-4 }（无边）
单边：8转
80转
2×1罗纹　17转　1/2转　6cm

后片：开178针底包面，圆筒1转，结上梳。

衫身共146转
36针　62针　36针
9转
37转
20转
1转完
6转完　1-5-3
2-2-5，第五次1-4-4
领：1-2-5（无边）
25中留22针，夹边1/2扭位
夹：3-2-3（100）、2-2-4、1-2-3 }（3支边）
套4针1转后收夹
9转
6+1+3、5+1+2、5+1+2 }（无边）
收腰：9转
7-1-1、8-1-4 }（无边）
单边：8转
2×1罗纹　17转　1/2转　6cm

前片：开182针斜角，圆筒1转，结上梳。

注　1. 支边是指毛衫挂肩位置收针所呈现的花。
2. 密度的单位为：针×转×英寸，如 3.75×2.75×0.24 即是指 3.75 针×2.75 转×0.24 英寸。

二、女船领肩缝鸡翼袖套头衫

（一）款式特征

圆筒包领，脚和袖圆筒起口平展直筒，收腰在乳高点下位置，女船领肩缝鸡翼袖套头衫如图 4－8 所示。

图 4－8　女船领肩缝鸡翼袖套头衫

（二）生产工艺

表 4－5 为女船领肩缝鸡翼袖套头衫生产通知单，表 4－6 为女船领肩缝鸡翼袖套头衫生产工艺单。

三、女风帽 V 领肩缝袋鼠袋弯夹长袖衫

（一）款式特征

全身呈 A 造型，有风帽和袋鼠袋，如图 4－9 所示为女风帽 V 领肩缝袋鼠袋弯夹长袖衫。

（二）生产工艺

生产工艺详见表 4－7 女风帽 V 领肩缝袋鼠袋弯夹长袖衫生产通知单和表 4－8 女风帽 V 领肩缝袋鼠袋弯夹长袖衫生产工艺单。

表 4-5　女船领肩缝鸡翼袖套头衫生产通知单

××针织厂有限公司——样板生产通知单(初)

单号:ORDER NO. ______

款号:STYLE NO. ______

发单日期:DATE. ______

部位 POSITION ＼ 尺码 SIZE	S	M	L	XL	XXL
1. 衫长(领边至衫脚)Body length – HSP to bottom edge	56				
2. 胸宽(夹下 1 英寸度)Chest Width – 1″Below armhole	40				
3. 肩宽(缝至缝) shoulder Width – Seam to Seam	32				
4. 腰长(领边至腰细处)Waist length – from HSP to the most Thin waist	35				
5. 脚宽(衫脚顶度) Bottom Width – edge to edge	35				
6. 脚高(衫脚罗纹高) Bottom rib height	3.5				
7 夹深(缝至缝垂直度)Armhole Width – Vertical/seam to seam	18.5				
8. 装袖长(肩缝至袖边)Sleeve length – From shoulder point to seam	13.5				
9. 袖宽(袖夹下 1 英寸度)Sleeve Width – 1″Below armhole	14				
10. 袖口宽(罗纹顶度)Sleeve Cuff Width – at the top of the rib	11.5	袖口底度			
11. 袖口高(袖罗纹高) Sleeve Cuff height	2				
12. 前领深(领边至骨)Front neck drop – HPS to seam	5				
13. 后领宽(骨至骨)Back neck width – edge to edge	23				
14. 后领深(领边至骨)Back neck drop – HPS to Seam	2				
15. 领贴高(侧边度)Neck Trim height – From side	1				
交板日期(delivery)　年　月　日					

款式名称(Description)女船领肩缝鸡翼袖套头衫—单边

毛纱品质(Quality)　32/2 公支,100% 棉

成品重量(weight)　磅(lbs)/打(Doz)

交货日期(ship date)　年　月　日

交毛日期(Yarn delivery date)　年　月　日

数量(Quantity) 1 件批板(sample)

款样(Style)

厂名(Factory)

客名(Client)

客号(Client no.)

针型(Gauge)　12*G*

缝盘(Sewing)

A 黄色　1 件

B

C

D

配料(Accessories)

备注(Remarks)

工艺说明(Remarks)

1. 大身前片、后片及袖单边,衫脚、袖口 2×1 罗纹。
2. 大身前片、后片收腰的两侧各留 48 支边。
3. 领片单边包缝合。
4. 缝耗 2 针,面留 2 针花。
5. 大身前片、后片的衫脚罗纹做一样长。
6. 所有缝线不可过紧。

制单人: PREPARED BY:	主管: DIRECTOR	复核: APPROVED BY

表 4-6 女船领肩缝鸡翼袖套头衫生产工艺单

××针织厂有限公司——样板生产工艺单

单号:ORDER NO. ________

款号:STYLE NO. ________

发单日期:DATE. ________

款名:女船领肩缝鸡翼袖套头衫	针型:12G	缝盘:14G	尺码:M	制单人:
客名:	客号		备注:	

32/2 公支,毛 2 条,单边,身面 10 针横拉,1-4/8 英寸,100% 棉

32/2 公支,毛 2 条,2×1 罗纹,衫脚底、面 15 针横拉,3-3/8 英寸,100% 棉

密度	大身 6.5 ×4.5 ×0.163		
	衫脚 $1cm^2$ 织 3 转		
落机重量(磅)	全长拉(英寸)	收夹 4 支边	
前片	38-5/8	收领	支边
后片		收膊	支边
袖	8-1/2	收腰	支边
领		生产数量	
贴		XS	打
袋		S	打
带		M	打
每件衫重: 磅		L	打
每打衫重: 磅		XL	打

工艺与操作说明:

1. 大身前片、后片收腰的两侧各留 48 支边。
2. 领片单边包缝合。
3. 缝耗 2 针,面留 2 针花。
4. 大身前片、后片的衫脚罗纹做一样长。
5. 所有缝线不可过紧。

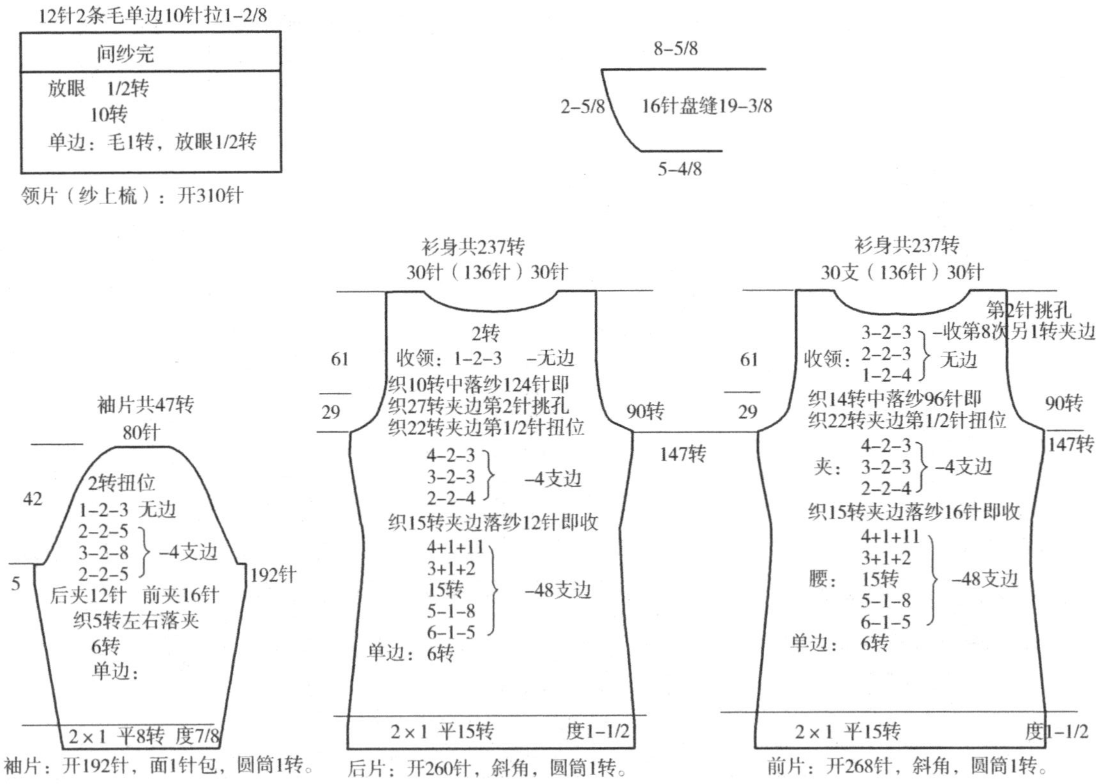

12针2条毛单边10针拉1-2/8

间纱完

放眼 1/2转

10转

单边:毛1转,放眼1/2转

领片(纱上梳):开310针

8-5/8

2-5/8

16针盘缝19-3/8

5-4/8

袖片共47转

80针

42

5

2转扭位

1-2-3 无边

2-2-5

3-2-8 } -4支边

2-2-5

192针

后夹12针 前夹16针

织5转左右落夹

6转

单边:

2×1 平8转 度7/8

袖片:开192针,面1针包,圆筒1转。

衫身共237转

30针(136针)30针

61

29

2转

收领:1-2-3 -无边

织10转中落纱124针即

织27转夹边第2针挑孔

织22转夹边第1/2针扭位

4-2-3

3-2-3 } -4支边

2-2-4

90转

147转

织15转夹边落纱12针即收

4+1+11

3+1+2

15转 } -48支边

5-1-8

6-1-5

单边:6转

2×1 平15转 度1-1/2

后片:开260针,斜角,圆筒1转。

衫身共237转

30支(136针)30针

61

29

第2针挑孔

3-2-3 -收第8次另1转夹边

收领:2-2-3 } 无边

1-2-4

织14转中落纱96针即

织22转夹边第1/2针扭位

4-2-3

夹:3-2-3 } -4支边

2-2-4

90转

147转

织15转夹边落纱16针即收

4+1+11

3+1+2

腰:15转 } -48支边

5-1-8

6-1-5

单边:6转

2×1 平15转 度1-1/2

前片:开268针,斜角,圆筒1转。

注 挑吼是指在编织过程中,将某针的纱线移到旁边的织针上而形成一个孔的织法。

表 4-7 女风帽 V 领肩缝弯夹长袖衫生产通知单

× ×针织厂有限公司 ——样板生产通知单(初)

单号:ORDER NO. ______

款号:STYLE NO. ______

发单日期:DATE. ______

部位 POSITION \ 尺码 SIZE	S	M	L
1. 衫长(领边至衫脚)Body length – HSP to bottom edge	29		
2. 胸宽(夹下 1 英寸度)Chest Width – 1″Below armhole	15.5	11.25(前上胸宽)	
3. 肩宽(缝至缝)Shoulder Width – Seam to Seam			
5. 腰高(领边至腰细处)Waist length – from HSP to the most Thin waist			
6. 脚宽(衫脚顶度)Bottom Width – edge to edge	12.5		
7. 脚高(衫脚罗纹高)Bottom rib height	14.5	14.75(腰宽)	
8. 夹宽(缝至缝垂直度)Armhole Width – Vertical/seam to seam	16.5		
9. 装袖长(肩缝至袖边)Sleeve length – From shoulder point to seam	2		
11. 袖宽(袖夹下 1 英寸度)Sleeve Width – 1″Below armhole	7(夹宽斜度)		
12. 袖中线(袖口上 6 英寸度)Forearm Width –6″up BVD of Cuff	29.5(后中度)		
13. 袖口宽(罗纹顶度) Sleeve Cuff Width – at the top of the rib	5		
14. 袖口高(袖罗纹高) Sleeve Cuff height	4.25		
15. 前领深(领边至骨) Front neck drop – HPS to seam	3.25	7.5(前领深至纽扣)	
16. 后领宽(骨至骨)Back neck width – edge to edge	7.75	2.5(V 中空宽)	
17. 后领深(领边至骨)Back neck drop – HPS to Seam	0.75		
18. 领贴高(侧边度)Neck Trim height – From side	0.375		
22. 袋高(侧边连/不连贴度) Pocket height – at side with/without trim /band	6.5		
23 袋贴长(横度)Pocket band length	16.5(口袋位领边)		
24. 帽宽 8.75cm 帽口 13.5 cm 帽贴宽 0.75 cm			
交板日期(delivery) 年 月 日			

款式名称(Description) 女风帽 V 领肩缝弯夹长袖衫	厂名(Factory)
毛纱品质(Quality)32/2 公支 100% 棉,2 条	客名(Client)
成品重量(weight) 磅(lbs)/打(Doz)	客号(Client no.)
交货日期(ship date) 年 月 日	针型(Gauge)7G 缝盘(Sewing)8G
交毛日期(Yarn delivery date) 年 月 日	数量(Quantity) 批板(sample)
款样 (Style)	A 浅 灰 1 件
	B
	C
	D
	配料(Accessories)
	备注(Remarks) 此款使用英寸制

工艺说明(Remarks)

1. 大身前片、后片、袖均为单边。
2. 衫脚、袖口、胸贴、帽贴、袋贴为 1×1 罗纹
3. 缝耗 2 针,夹收花面留 2 针。
4. 大身前片、后片的衫脚罗纹做一样长。
5. 所有缝线不可过紧。

制单人: PREPARED BY	主管: DIRECTOR	复核: APPROVED BY

表 4-8　女风帽 V 领背肩缝弯夹长袖衫生产工艺单

××针织厂有限公司——样板生产工艺单

单号:ORDER NO. ________
款号:STYLE NO. ________
发单日期:DATE. ________

款名:女风帽 V 领肩缝弯夹长袖衫—单边	针型:12G	缝盘:14G	尺码:M	制单人:
客名:	客号:	备注:		

32/2 公支,毛 2 条,单边,身面 10 针横拉,1-4.5/8 英寸,100%棉

32/2 公支,毛 2 条,1×1 罗纹,衫脚底、面 10 针横拉,2-6/8 英寸,100%棉

密度	大身 17.61 ×11.33×0.163		
	衫脚、袖毛 2 条,10 针拉,2-6/8 英寸		
落机重量(磅)		全长拉(英寸)	收夹 4 支边
片总重	6-13/16	51-7/8	收领 支边
下栏重	12 盎司	53-1/8	收膊 支边
缝毛重	2 盎司	37-1/8	收腰 支边
落地毛	4 盎司	领下拉	生产数量
落地纱	4 盎司	32-5/8	S
成品重	7-2/16		M
每件衫重: 磅			L
每打衫重: 磅			XL

工艺与操作说明:

1. 大身前片、后片,袖均为单边。
2. 衫脚、袖口、胸贴、帽贴、袋贴为 1×1 罗纹。
3. 缝耗 2 针,夹收花,面留 2 针。
4. 大身前片、后片的衫脚罗纹做一样长。
5. 所有缝线不可过紧。

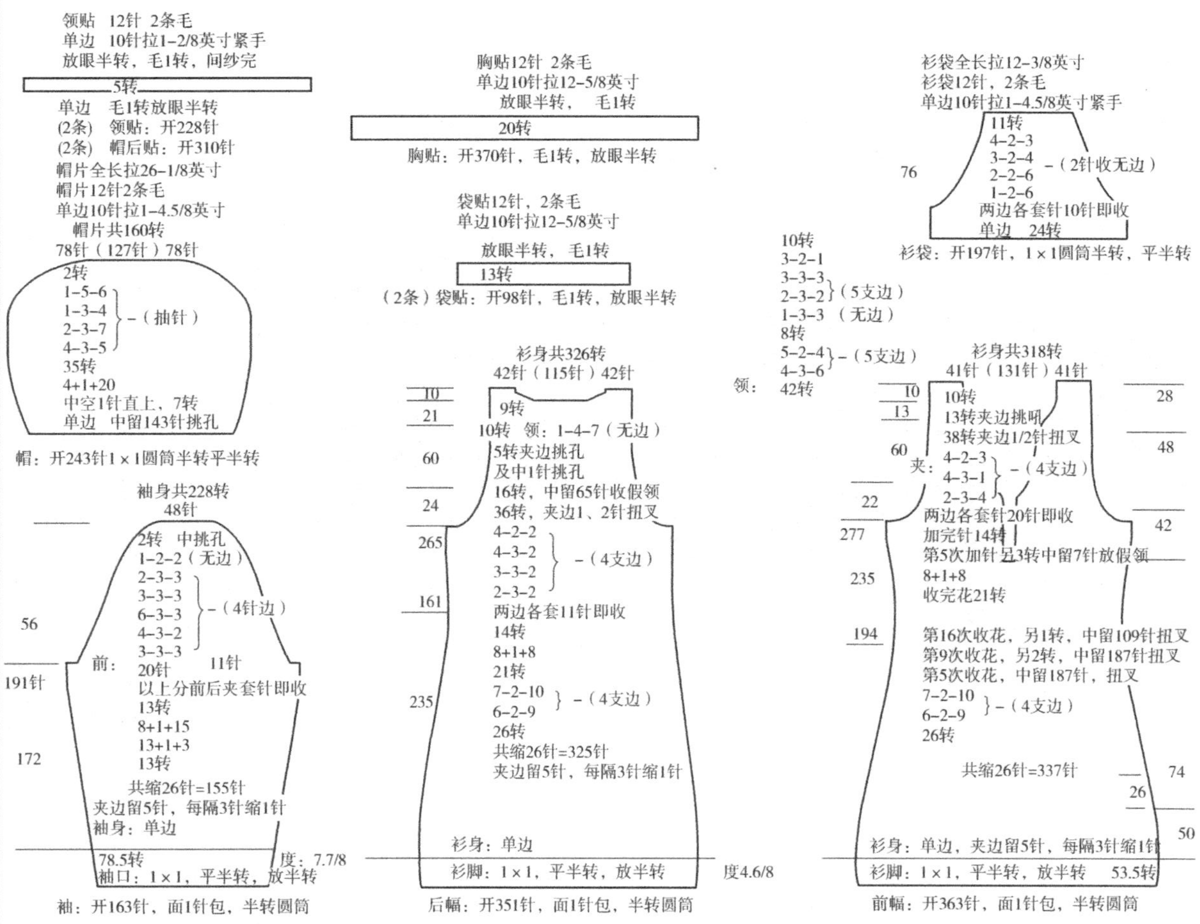

领贴　12针　2条毛
单边　10针拉1-2/8英寸紧手
放眼半转,毛1转,间纱完
5转

单边　毛1转放眼半转
(2条)　领贴:开228针
(2条)　帽后贴:开310针
帽片全长拉26-1/8英寸
帽片12针2条毛
单边10针拉1-4.5/8英寸
帽片共160转
78针(127针)78针
2转
1-5-6
1-3-4
2-3-7
4-3-5 } -(抽针)
35转
4+1+20
中空1针直上,7转
单边　中留143针挑孔
帽:开243针1×1圆筒半转平半转

袖身共228转
48针
2转　中挑孔
1-2-2(无边)
2-3-3
3-3-3
6-3-3
4-3-2
3-3-3 } -(4针边)
前:　20针　11针
以上分前后夹套针即收
13转
8+1+15
13+1+3
13转
共缩26针=155针
夹边留5针,每隔3针缩1针
袖身:单边
78.5转　度:7.7/8
袖口:1×1,平半转,放半转
56　191针　172
袖:开163针,面1针包,半转圆筒

胸贴12针　2条毛
单边10针拉12-5/8英寸
放眼半转,　毛1转
20转
胸贴:开370针,毛1转,放眼半转

袋贴12针,2条毛
单边10针拉12-5/8英寸
放眼半转,毛1转
13转
(2条)袋贴:开98针,毛1转,放眼半转

衫身共326转
42针(115针)42针
9转
10转　领:1-4-7(无边)
5转夹边挑孔
及中1针挑孔
16转,中留65针收假领
36转,夹边1、2针扭叉
4-2-2
4-3-2
3-3-2
2-3-2 } -(4支边)
两边各套11针即收
14转
8+1+8
21转
7-2-10
6-2-9 } -(4支边)
26转
共缩26针=325针
夹边留5针,每隔3针缩1针
衫身:单边
衫脚:1×1,平半转,放半转　度4.6/8
10　21　60　24　265　161　235
后幅:开351针,面1针包,半转圆筒

领:
10转
3-2-1
3-3-3
2-3-2 } (5支边)
1-3-3　(无边)
8转
5-2-4
4-3-6 } -(5支边)
42转

衫袋全长拉12-3/8英寸
衫袋12针,2条毛
单边10针拉1-4.5/8英寸紧手
11转
4-2-3
3-2-4
2-2-6
1-2-6 } -(2针收无边)
两边各套针10针即收
单边　24转
76
衫袋:开197针,1×1圆筒半转,平半转

衫身共318转
41针(131针)41针
10转
13转夹边挑吼
38转夹边1/2针扭叉
夹:
4-2-3
4-3-1
2-3-4 } -(4支边)
两边各套针20针即收
加完针14转
第5次加针另3转中留7针放假领
8+1+8
收完花21转
第16次收花,另1转,中留109针扭叉
第9次收花,另2转,中留187针扭叉
第5次收花,中留187针,扭叉
7-2-10
6-2-9 } -(4支边)
26转
共缩26针=337针
衫身:单边,夹边留5针,每隔3针缩1针
衫脚:1×1,平半转,放半转　53.5转
10　13　60　22　277　235　194　28　48　42　74　26　50
前幅:开363针,面1针包,半转圆筒

图4-9　女风帽V领肩缝袋鼠袋弯夹长袖衫

第三节　男装入夹、弯夹套头衫生产工艺

一、男装圆领入夹格子长袖衫

（一）款式特征

中高圆领2×1罗纹，领口圆筒包缝，大身格子图案，两色清淡搭配，显得干净整洁、青春时尚。图4-10所示为男装圆领入夹格子长袖衫。

（二）生产工艺

生产工艺见表4-9男装圆领入夹格子长袖衫生产通知单和表4-10男装圆领入夹格子长袖衫生产工艺单。

圆领周长统计表见表4-11。

表4-9　男装圆领入夹格子长袖衫生产通知单

××针织厂有限公司——样版生产通知单(初)

单号:ORDER NO. ______

款号:STYLE NO. ______

发单日期:DATE. ______

部位 POSITION / 尺码 SIZE	M	L
1. 衫长(领边至衫脚)Body length – HSP to bottom edge	65	
2. 胸宽(夹下1寸度)Chest Width – 1″Below armhole	52	
3. 肩宽(缝至缝)shoulder Width – Seam to Seam	41	
4. 肩斜(领边至肩缝) shoulder slope – HSP to Seam	3	
5. 腰长(领边至腰细处)Waist length – from HSP to the most Thin waist		
6. 脚宽(衫脚顶度)Bottom Width – edge to edge	52	底度
7. 脚高(衫脚罗纹高) Bottom rib height	5	2×1A色
8. 夹深(缝至缝垂直度)Armhole Width – Vertical/seam to seam	21	
9. 装袖长(肩缝至袖边) Sleeve length – From shoulder point to seam	56	
10. 插袖长(后领中过肩至袖边)Sleeve length – 3 – Point (CBN – shoulder point – cuff)		
11. 袖宽(袖夹下1寸度)Sleeve Width – 1″Below armhole	17	
12. 袖口宽(罗纹顶度)Sleeve Cuff Width – at the top of the rib	11	
13. 袖口高(袖罗纹高)Sleeve Cuff height	5	
14. 后领宽(骨至骨)Back neck width – edge to edge	18.5	
15. 后领深(领边至骨)Back neck drop – HPS to Seam	2	
16. 领贴高(侧边度) Neck Trim height – From side	6	

款式名称(Description)男装圆领入夹格子长袖衫—两色挂毛	
毛纱品质(Quality)　32/2公支100%棉	客名(Client)
成品重量(weight)18-3/16磅(lbs)/打(Doz)	客号(Client no.)
交货日期(ship date)　年　月　日	针型(Gauge) 7G　缝盘(Sewing)8G
交毛日期(Yarn delivery date)　年　月　日	数量(Quantity)　1件 批板(sample)　800打

款样(Style)

色号(Color NO.)
A 蓝色
B 米白色
C
D
配料(Accessories)
备注(Remarks)

工艺说明(Remarks)

1. 大身前片A/B两色挂毛,大身后片A色单边。
2. 领、衫脚、袖口为2×1罗纹。
3. 前片、后片、袖有收花工艺。
4. 格子31针、两边43针、28转换色。

交板日期(delivery)　年　月　日	制单人: PREPARED BY	主管: DIRECTOR	复核: APPROVED BY

表 4－10　男装圆领入夹格子长袖衫生产工艺单

× ×针织厂有限公司——样板生产工艺单

单号:ORDER　NO. ________

款号:STYLE　NO. ________

发单日期:DATE. ________

款名:男装圆领入夹格子长袖衫	针型:7G	缝盘:8G	制单人:
客户名称:	客号:	备注:	

20/2 公支,毛 4 条，单边，袖面 10 针拉，2－6/8 英寸,100% 棉

20/2 公支,毛 4 条，2×1 罗纹，衫脚、袖口、底、面 5 坑拉,3－3/8 英寸,100% 棉

密度	身、袖　3.75×2.75×0.24		
	衫脚、袖口、领 1cm² 织 3 转		
落机重量(g)		拉力值(英寸)	收花数
前片	182.7	40－1/8	收夹 3 支边
后片	182.1	39－7/8	收领　支边
袖	188.6	34－3/8	收膊　支边
领	47.7	3－4/8	收腰　支边
贴			生产数量
袋			S　200 打
带			M　200 打
每件衫重:601.1g			L　200 打
每打衫重:7213.2 g			XL　200 打

工艺与操作说明:

1. 该款为肩缝;
2. 领、袖口、衫脚为 2×1 罗纹;
3. 前片、后片、袖 3 支边收花,
4. 格子 31×31,针对针;
5. 所有缝线不可过紧。

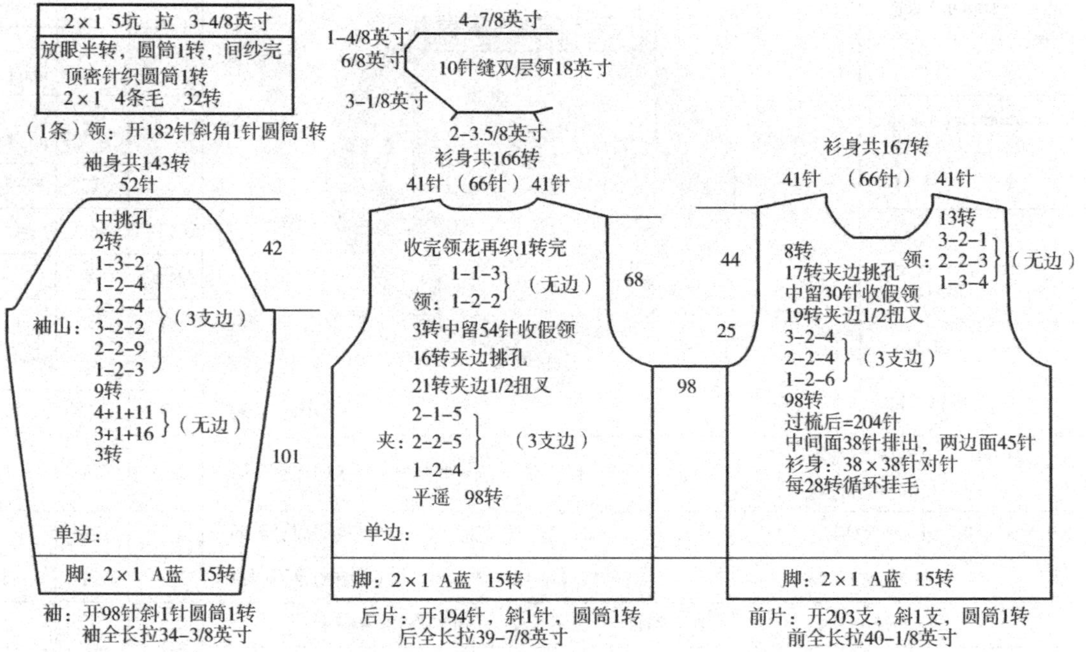

领：

2×1 5坑 拉 3-4/8英寸
放眼半转，圆筒1转，间纱完 顶密针织圆筒1转 2×1 4条毛 32转

（1条）领：开182针斜角1针圆筒1转

4-7/8英寸
1-4/8英寸
6/8英寸
10针缝双层领18英寸
3-1/8英寸
2-3.5/8英寸

袖：

袖身共143转
52针
42
中挑孔
2转
1-3-2
1-2-4
2-2-4
袖山：3-2-2 （3支边）
2-2-9
1-2-3
9转
4+1+11
3+1+16 （无边）
3转
101
单边：
脚：2×1 A蓝 15转
袖：开98针斜1针圆筒1转
袖全长拉34-3/8英寸

后片：

衫身共166转
41针 （66针） 41针
收完领花再织1转完
1-1-3
领：1-2-2 （无边）
68
3转中留54针收假领
16转夹边挑孔
21转夹边1/2扭叉
2-1-5
夹：2-2-5 （3支边）
1-2-4
平遥 98转
98
单边：
脚：2×1 A蓝 15转
后片：开194针，斜1针，圆筒1转
后全长拉39-7/8英寸

前片：

衫身共167转
41针 （66针） 41针
44
13转
3-2-1
领：2-2-3 （无边）
1-3-4
8转
17转夹边挑孔
中留30针收假领
19转夹边1/2扭叉
25
3-2-4
2-2-4 （3支边）
1-2-6
98转
过梳后=204针
中间面38针排出，两边面45针
衫身：38×38针对针
每28转循环挂毛
脚：2×1 A蓝 15转
前片：开203支，斜1支，圆筒1转
前全长拉40-1/8英寸

表 4－11　圆领周长统计表(后领深 1.5～2.2cm)

领宽(cm) / 周长(英寸) / 领深(cm)	11	12	13	14	15	16	17	18	19	20	21	22	23	24	25	26	27
4	10.46	11.25	12.03	12.82	13.61	14.4	15.18	15.97	16.76	17.55	18.33	19.12	19.91	20.7	21.48	22.27	23.06
5	10.95	11.3	12.40	13.23	14.06	14.85	15.63	16.42	17.21	18	18.78	19.53	20.36	21.14	21.93	22.72	23.51
6	11.53	12.15	12.93	13.72	14.51	15.3	16.08	16.87	17.66	18.44	19.23	20.02	20.81	21.59	22.38	23.17	23.96
7	12.31	12.93	13.55	14.17	14.96	15.74	16.53	17.32	18.11	18.89	19.68	20.47	21.26	22.04	22.83	23.62	24.41
8	13.1	13.72	14.34	14.96	15.58	16.19	16.98	17.77	18.56	19.34	20.13	20.92	21.71	22.49	23.48	24.07	24.86
9	13.89	14.51	15.13	15.74	16.36	16.98	17.6	18.22	19.01	19.79	20.58	21.37	22.16	22.94	23.73	24.52	25.3
10	14.68	15.30	15.91	16.53	17.15	17.77	18.39	19.01	19.62	20.20	21.03	21.82	22.6	23.39	24.18	24.97	25.75
11	15.46	16.08	16.70	17.32	17.94	18.56	19.17	19.79	20.41	21.03	21.65	22.27	23.05	23.84	24.63	25.42	26.20
12	16.25	16.87	17.49	18.11	18.73	19.34	19.96	20.58	21.2	21.82	22.44	23.05	23.67	24.09	25.08	25.87	26.65
13	17.04	17.86	18.28	18.89	19.51	20.13	20.75	21.37	21.99	22.6	23.22	23.84	24.46	25.08	25.7	26.32	27.1
14	17.83	18.44	19.06	19.68	20.3	20.92	21.54	22.16	22.77	23.39	24.01	24.63	25.25	25.87	26.48	27.1	27.72
15	18.61	19.23	19.85	20.47	21.09	21.71	22.32	22.94	23.56	24.18	24.8	25.42	26.03	26.65	27.27	27.89	28.51
16	19.40	20.02	20.64	21.26	21.83	22.49	23.1	23.73	24.35	24.93	25.59	26.2	26.82	27.40	28.06	28.68	29.3
17	20.19	20.81	21.43	22.04	22.66	23.28	23.9	24.52	25.14	25.75	26.37	26.99	27.61	28.23	28.85	29.46	30.08
18	20.98	21.59	22.21	22.83	23.45	24.07	24.69	25.3	25.92	26.54	27.16	27.78	28.4	29.02	29.63	30.25	30.87
19	21.75	22.33	22.99	23.61	24.23	24.85	25.47	26.09	26.71	27.32	27.94	28.56	29.18	29.8	30.42	31.04	31.66

图 4－10　男装圆领入夹格子长袖衫

二、男装 V 领弯夹背肩缝套头背心

（一）款式特征

V 领，脚和袖口均为黑色，嵌细灰色横条，稳重大方，适宜广大男士穿着。图 4－11 所示为男装 V 领弯夹背肩缝套头背心。

图 4－11　男装 V 弯夹背肩缝套头背心

（二）生产工艺

生产工艺见表 4－12 男装 V 领弯夹背肩缝套头背心生产通知单和表 4－13 男装 V 领弯夹背肩缝套头背心生产工艺单。周长统计表见表 4－14。

表 4－12　男装 V 领弯夹背肩缝套头背心生产通知单

××针织厂有限公司——样板生产通知单(初)

单号:ORDER　NO. ________

款号:STYLE　NO. ________

发单日期:DATE. ________

部位 POSITION ＼ 尺码 SIZE	S	M
1. 衫长(领边至衫脚)Body length－HSP to bottom edge	68	
2. 胸宽(夹下 1 英寸度) Chest Width－1″Below armhole	55	
3. 肩宽(缝至缝) shoulder Width－Seam to Seam	44	
4. 肩斜(领边至肩缝) shoulder slope－HSP to Seam	3	
6. 脚宽(衫脚顶度)Bottom Width－edge to edge	46	底度
7. 脚高(衫脚罗纹高)Bottom rib height	6	1×1 罗纹单 A 色
8. 夹深(缝至缝垂直度) Armhole Width－Vertical/ seam to seam	24	边至边外测量
9. 装袖长(肩缝至袖边)Sleeve length－From shoulder point to seam	1.5	夹贴宽
11. 袖宽(袖夹下 1 英寸度) Sleeve Width—1″ Below armhole		
13. 袖口宽(罗纹顶度)Sleeve Cuff Width—at the top of the rib		
14. 袖口高(袖罗纹高)Sleeve Cuff height		
15. 前领深(领边至骨) Front neck drop－HPS to seam	18	
16. 后领宽(骨至骨)Back neck width－edge to edge	20	
17. 后领深(领边至骨)Back neck drop－HPS to Seam	2	
18. 领贴高(侧边度) Neck Trim height－From side	1.5	夹贴宽 1×1 罗纹 A 色
日期(delivery)　　年　月　日		

款式名称(Description)男装 V 领弯夹背肩缝套头背心—单边间色	
毛纱品质(Quality)　32/2 公支　100% 精梳棉	客名(Client)
成品重量(weight)　5P13　磅(lbs)/打(Doz)	客号(Client no.)
交货日期(ship date)　　年　月　日	针型(Gauge)12G　缝盘(Sewing) 20G
交毛日期(Yarn delivery date)　　年　月　日	数量(Quantity)　1 件 批板(sample)

款样(Style)	色号(Color NO.)
	B 黑色
	C
	D
	配料(Accessories)
	备注(Remarks)

工艺说明(Remarks)

1. 大身前、后单边间色。
2. 脚 1×1 单层罗纹,领与夹贴 1×1 双层罗纹。
3. 后膊收花工艺
4. 两种色相间,A3 转,B1 转。

制单人: PREPARED BY	主管: DIRECTOR	复核: APPROVED BY

表 4-13　男装 V 领弯夹背肩缝套头背心生产工艺单

××针织厂有限公司——样板生产工艺单

单号：ORDER　NO. ________

款号：STYLE　NO. ________

发单日期：DATE. ________

款名：男装 V 领弯夹背肩缝背心—单边间色	针型：12 G	缝盘：20 G	尺码：M	制单人：
客名：	客号：		备注：	

32/2 公支，身：单边，面 10 针拉，1-4/8 英寸（毛 2 条），100% 精梳棉

32/2 公支，衫脚：1×1 罗纹，底、面 10 拉 2-2/8 英寸（毛 1 条）；领：四平，底、面 10 拉，2-1/8 英寸（毛 2 条）

密度	
大身：6.55 ×4.6×0.164	
衫脚：6.55 ×6.2	

落机重量（磅）		全长拉（英寸）	收夹 4 支边	
前片	4 P12	45-2/8	收领	支边
后片	1 P3	45-2/8	收膊	支边
袖		37	收腰	支边
领			生产数量	
贴			XS	打
袋			S	打
带			M	打
每件衫重：5P15　磅			L	打
每打衫重：4P12 1P3			XL	打

工艺与操作说明：

1. 大身前片、后片单边间色。
2. 衫脚 1×1 单层罗纹，领与夹贴 1×1 双层罗纹。
3. 后膊收花工艺（背肩缝）。
4. 两种色相间，A 色 3 转，B 色 1 转。

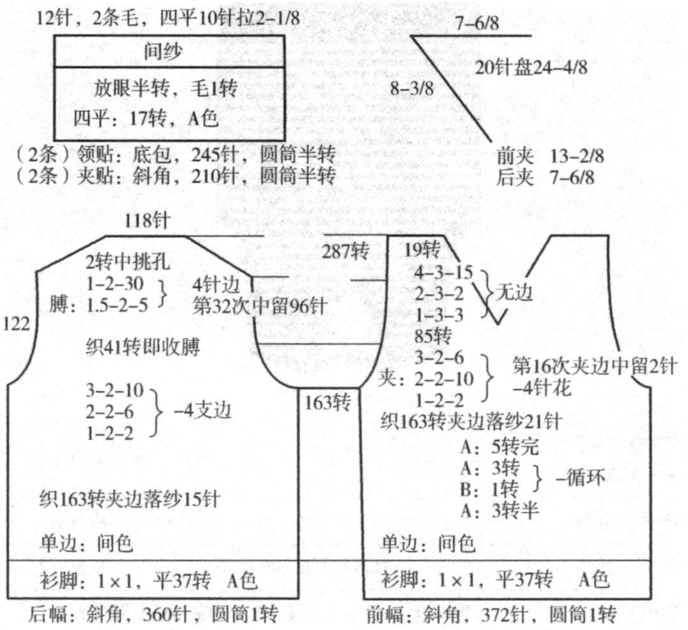

12针，2条毛，四平10针拉2-1/8

间纱

放眼半转，毛1转

四平：17转，A色

（2条）领贴：底包，245针，圆筒半转

（2条）夹贴：斜角，210针，圆筒半转

7-6/8

20针盘24-4/8

8-3/8

前夹　13-2/8

后夹　7-6/8

118针

2转中挑孔

膊：1-2-30, 1.5-2-5 } 4针边

第32次中留96针

122

织41转即收膊

3-2-10, 2-2-6, 1-2-2 } -4支边

织163转夹边落纱15针

单边：间色

衫脚：1×1，平37转　A色

后幅：斜角，360针，圆筒1转

287转

163转

19转

4-3-15, 2-3-2, 1-3-3 } 无边

85转

夹：3-2-6, 2-2-10, 1-2-2 } 第16次夹边中留2针 -4针花

织163转夹边落纱21针

A：5转完

A：3转, B：1转, A：3转半 } -循环

单边：间色

衫脚：1×1，平37转　A色

前幅：斜角，372针，圆筒1转

表 4-14　V 领周长统计表(后领深 1.5~2cm)

领宽(cm) / 周长(英寸) / 领深(cm)	13	14	15	16	17	18	19	20	21	22	23	24	25	26	27
14	43.86	45.31	46.76	48.26	49.36	51.28	52.83	54.4	56	57.6	59.23	60.88	62.53	64.21	65.89
15	45.69	47.11	48.54	50	51.48	52.98	54.5	56	57.6	59.2	60.8	62.4	64.05	65.5	67.36
16	45.55	48.92	50.34	51.76	53.24	54.31	56.21	57.73	59.28	60.83	62.4	64	65.6	67.23	68.86
17	49.4	50.77	52.17	53.57	55	56.46	57.93	59.43	60.96	62.5	64	65.6	65.2	68.8	70.48
18	51.28	52.63	54	55.4	56.82	58.24	59.71	61.19	62.68	64.18	65.5	65.26	68.83	69.26	72
19	53.16	54.5	55.85	57.22	58.62	60	61.49	62.94	64.41	65.91	67.41	68.93	70.48	72.03	73.6
20	55.06	56.39	57.7	59.8	60.45	61.83	63.23	64.72	66.16	67.64	6.14	70.62	72.16	73.31	75.26
21	56.97	58.26	59.59	60.93	62.3	63.5	65.1	66.52	67.94	69.42	70.89	72.36	73.89	75.38	76.94
22	58.88	60.13	61.49	62.81	64.16	65.53	66.93	68.33	69.75	71.2	72.64	74.12	75.61	77.11	78.61
23	60.8	62.08	63.37	64.69	66.04	67.38	68.75	70.15	71.55	73	74.47	75.8	77.34	78.84	80.34
24	62.74	64	65.28	66.6	67.92	69.26	70.61	72	73.38	74.8	76.22	77.63	79.12	80.59	82.06
25	64.64	65.91	67.2	68.5	69.8	71.15	72.49	73.86	75.23	76.63	78.03	79.45	80.9	82.34	83.82
26	66.6	67.84	69.11	70.4	71.7	73.02	74.37	75.71	77.09	78.46	79.85	81.26	82.7	84.15	85.6
27	68.55	69.77	71.04	72.31	73.6	74.93	76.25	77.59	78.94	80.31	81.68	83.09	84.5	85.93	87.37
28	70.48	71.73	72.93	74.24	75.51	76.8	78.13	79.47	80.8	82.17	83.54	84.94	86.18	87.73	89.18
29	72.44	73.66	74.9	76.17	77.44	78.74	80.03	81.35	82.68	84.02	85.39	86.77	88.16	89.56	90.98
30	74.4	75.61	76.83	78.1	79.35	80.68	81.94	83.23	84.55	85.9	87.25	88.62	90	91.38	92.78
31	76.25	77.57	78.29	80.03	81.28	82.55	83.84	85.14	86.46	85.78	89.13	90.47	91.84	92.24	94.61

第四节　男 T 恤及衬衫领长袖衫生产工艺

一、男 T 恤领半开胸大小边背肩缝长袖衫

（一）款式特征

此款毛衫 T 恤领半开胸是大小边造型，背肩缝，长袖衫，四种颜色搭配，色彩柔和，适宜中青年春秋季节穿着，如图 4－12 所示。

图 4－12　男 T 恤领大小边半开胸背肩缝长袖衫

（二）生产工艺

表 4－15 为男 T 恤领大小边半开胸背肩缝长袖衫生产通知单，表 4－16 为男 T 恤领大小边半开胸背肩缝长袖衫生产工艺单。

二、男衬衫领明门襟背肩缝长袖衫

（一）款式特征

该毛衫是有领座的衬衫领、明门襟、半开胸和背肩缝，实用美观，如图 4－13 所示。

（二）生产工艺

表 4－17 为男衬衫领明门襟长袖衫生产通知单，表 4－18 为男衬衫领明门襟长袖衫生产工艺单。

表 4－15　男 T 恤领大小边半开胸背肩缝长袖衫生产通知单

××针织厂有限公司——样板生产通知单(初)

单号:ORDER　NO. ______

款号:STYLE　NO. ______

发单日期:DATE. ______

部位 POSITION ＼ 尺码 SIZE	M	L	XL
1. 衫长(领边至衫脚)Body length – HSP to bottom edge	70		
2. 胸宽(夹下 1 英寸度) Chest Width – 1″Below armhole	51		
3. 肩宽(缝至缝)shoulder Width – Seam to Seam	46		
4. 肩斜(领边至肩缝) shoulder slope – HSP to Seam			
6. 脚宽(衫脚顶度)Bottom Width – edge to edge	52		
7. 脚高(衫脚罗纹高)Bottom rib height	2.5		
8. 夹深(缝至缝垂直度)Armhole Width – Vertical/seam to seam	23		
9. 装袖长(肩缝至袖边) Sleeve length – From shoulder point to seam	62		
11. 袖宽(袖夹下 1 英寸度)Sleeve Width – 1″Below armhole	19		
13. 袖口宽(罗纹顶度)Sleeve Cuff Width – at the top of the rib	9.5	袖口底度	
14. 袖口高(袖罗纹高)Sleeve Cuff height	5		
15. 前领深(领边至骨) Front neck drop – HPS to seam	8		
16. 后领宽(骨至骨)Back neck width – edge to edge			
17. 后领深(领边至骨)Back neck drop – HPS to Seam	2		
18. 领贴高(侧边度) Neck Trim height – From side	8.5		
19. 胸贴宽(横度)Neck Trim height – From side	2.5		
20. 胸贴长(竖度)Placket length	12		

交板日期(delivery)　　年　月　日

款式名称(Description) 男装 T 恤领大小边半开胸背肩缝长袖衫(单边)	厂名(Factory)
毛纱品质(Quality)　48/2 公支,100% 棉	客名(Client)
成品重量(weight)　$5P^{13}$ 磅(lbs)/打(Doz)	客号(Client no.)
交货日期(ship date)　　年　月　日	针型(Gauge)　12*G* 缝盘(Sewing)
交毛日期(Yarn delivery date)　　年　月　日	数量(Quantity)　1 件 批板(sample)

款样(Style)

色号(Color NO.)
B 米白色
C 灰蓝
D 蓝色
配料(Accessories)
备注(Remarks)

工艺说明(Remarks)

1. 大身前片、后片及袖为单边,脚圆筒、袖口为 1×1 罗纹。
2. 领贴、胸贴为四平,单边包条上盘。
3. 后膊收花工艺。
4. 四种色相间,每色织 13 转换另一色,色排列见工艺单。

制单人: PREPARED BY	主管: DIRECTOR	复核: APPROVED BY

表 4－16　男 T 恤领大小边半开胸背肩缝长袖衫生产工艺单

××针织厂有限公司——样板生产工艺

单号:ORDER NO.

款号:STYLE NO.

发单日期:DATE.

款名:男 T 恤领大小边半开胸背肩缝长袖衫—单边	针型:12 G	缝盘:14 G	尺码:M	制单人:
客名:	客号:		备注:	

32/2 公支,身:单边,面 15 支拉,1－4/8 英寸,(毛 1 条),100% Cotton

32/2 公支,衫脚:圆筒,底、面 15 拉,1－2/8 英寸(毛 1 条)领:四平,底、面 15 拉,1－2/8 英寸,(毛 1 条)

密度	大身:10.2 ×6.6×0.1014			
	衫脚:10.5 ×14.3			
落机重量(磅)		全长(英寸)	收夹 5	支边
前	1P1	45－2/8	收领	支边
后	1P15	45－2/8	收膊	支边
袖	2P	37	收腰	支边
领	1P3		生产数量	
贴			XS	打
袋			S	打
带			M	打
每件衫重:		磅	L	打
每打衫重:		磅	XL	打

工艺与操作说明:

1. 大身前片、后片、袖片为单边,脚圆筒、袖口为 1×1 罗纹。
2. 四色相配,排列顺序见工艺图。
3. 衫前片、后片的衫脚要一样长。
4. 所有缝线不可过紧。

纱
圆筒9转，放眼1转，毛2转
织58转
四平
领：开365针，圆筒1转

纱
圆筒9转，放眼1转，毛2转
织15转
四平
2条胸贴：开109针圆筒1转

7–6/8英寸
3–7/8英寸　20针盘缝18–2/8英寸
左7/8英寸　右1–7/8英寸

102针
365转
2转
1–3–3
1–2–1 } 无边
104转
261转
夹：2–3–20
3–3–6
2–3–21 } 5支边
织26转即收夹（406针）
3+1+65
2+1+20 } 无边
2转
单边
1×1罗纹　43转
袖片：开236针，斜角，圆筒1转

184针
446转
2.1/2转
收第41次中留142针挑孔
膊：1.1/2–2–44　5针边
织79转即收膊
175转
271转
夹：3–3–7
2–3–5 } 5针边
织27转即收
A　黄色
D　蓝色
C　灰蓝
A　黄色
B　米白色 } 13转换色
单边
圆筒　35转　平1/2转
后片：开520针，面1支包，结上梳

15转
3–2–1
3–3–3
3–4–6
2–4–5
1–4–2 } 无边
左边留20针，右边留44针，假领
织11转，分左右收领
织68转，夹边第1/2针扭位
织6转，左边留212针，分左右织上
夹：3–3–8
2–3–6 } 5支边
织271转即收
A　黄色
D　蓝色
C　灰蓝
A　黄色
B　米白色 } 13转换色
单边
圆筒　35转　平1/2转
前片：开532针，面1支包，结上梳

表 4－17　男衬衫领明门襟长袖衫生产工艺单

单号：ORDER　NO.

款号：STYLE　NO.

发单日期：DATE.

××针织厂有限公司——样板生产通知单（初）

部位 POSITION ＼ 尺码 SIZE	M	L	XL	XXL
1. 衫长（领边至衫脚）Body length－HSP to bottom edge	61			
2. 胸宽（夹下 1 英寸度）Chest Width－1″Below armhole	50			
3. 肩宽（缝至缝）Shoulder Width－Seam to Seam	40			
4. 肩斜（领边至肩缝）Shoulder slope－HSP to Seam	3			
6. 脚宽（衫脚顶度）Bottom Width－edge to edge	39			
7. 脚高（衫脚罗纹高）Bottom rib height	5.5			
8. 夹深（缝至缝垂直度）Armhole Width－Vertical/seam to seam	26			
9. 装袖长（肩缝至袖边）Sleeve length－From shoulder point to seam	60			
11. 袖宽（袖夹下 1 英寸度）Sleeve Width－1″Below armhole	20			
13. 袖口宽（罗纹顶度）Sleeve Cuff Width－at the top of the rib	8	袖口底度		
14. 袖口高（袖罗纹高）Sleeve Cuff height	6			
15. 前领深（领边至骨）Front neck drop－HPS to seam	8			
16. 后领宽（骨至骨）Back neck width－edge to edge				
17. 后领深（领边至骨）Back neck drop－HPS to Seam	2			
18. 领贴高（侧边度）Neck Trim height－From side	8	19 长		
19. 胸贴宽（横度）Neck Trim height－From side	3			
20. 胸贴长（竖度）Placket length	18			

交板日期（delivery）　年　月　日

款式名称（Description） 男装衬衫领明门襟长袖衫——单边	厂名（Factory）
毛纱品质（Quality）30/2 公支，60% 羊毛 40% 人造毛	客名（Client）
成品重量（weight）　$6P^{11}$ 磅（lbs）/打（Doz）	客号（Client no.）
交货日期（ship date）　年　月　日	针型（Gauge）12*G* 缝盘（Sewing）16*G*
交毛日期（Yarn delivery date）　年　月　日	数量（Quantity）1 件批板（sample）

款样（Style）

色号（Color NO.）
B
C
D
配料（Accessories）
备注（Remarks）

工艺说明（Remarks）

1. 大身前片、后片及袖为单边。衫脚、袖口为 2×1 罗纹。
2. 领四平，领座似衬衫突出，圆筒包领圈。
3. 胸贴四平直接上盘。

制单人：PREPARED BY	主管：DIRECTOR	复核：APPROVED BY

表 4－18　男装衬衫领明门襟长袖衫生产工艺单

× ×针织厂有限公司——样板生产工艺单

单号：ORDER　NO.

款号：STYLE　NO.

发单日期：DATE.

款名：男装衬衫领明门襟长袖衫——单边	针型：12 *G*	缝盘：16 *G*	尺码：M	制单人：
客名：	客号：		备注：	

30/2 公支，身：单边，面 10 支拉，1－3/8 英寸，(毛 1 条)，60% 羊毛，40% 人造毛

30/2 公支，衫脚：2×1 罗纹，底、面 5 坑拉，2－1/8英寸，(毛 1 条)

领：四平，底、面 10 支拉，1－7/8 英寸，(毛 1 条)60% 羊毛，40% 人造毛

密度	大身 7.2 ×4.4×0.163		
	衫脚 7.2 ×5.636		

落机重量(磅)		全长(英寸)	收夹　4　支边	
前	$1P^{14}$	40	收领　2　支边	
后	$1P^{10}$	40	收膊　支边	
袖	$2P^{10}$	37－1/8	收腰　支边	
领	P^{9}		生产数量	
贴			XS	打
袋			S	打
带			M	打
每件衫重：6 磅			L	打
每打衫重：　磅			XL	打

工艺与操作说明：

1. 该款式为衬衫领、肩缝。
2. 前片、后片、袖片为单边。
3. 袖口、衫脚为 2×1 罗纹。
4. 领四平。
5. 贴单边双折织 2 条。

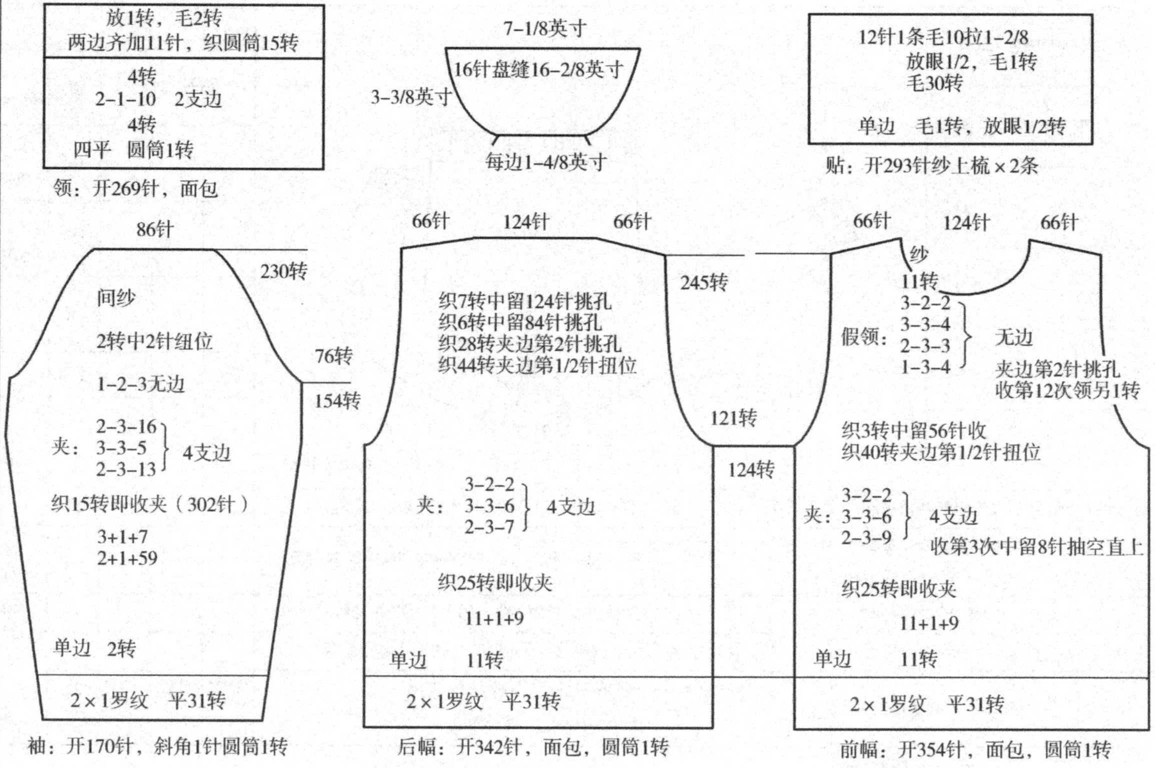

领：

放1转，毛2转
两边齐加11针，织圆筒15转

4转
2-1-10　2支边
4转
四平　圆筒1转

领：开269针，面包

7-1/8英寸
16针盘缝16-2/8英寸
3-3/8英寸
每边1-4/8英寸

12针1条毛10拉1-2/8
放眼1/2，毛1转
毛30转

单边　毛1转，放眼1/2转

贴：开293针纱上梳×2条

袖：

86针
230转
76转
154转
间纱
2转中2针纽位
1-2-3无边
夹：2-3-16 / 3-3-5 / 2-3-13　4支边
织15转即收夹（302针）
3+1+7
2+1+59
单边　2转
2×1罗纹　平31转

袖：开170针，斜角1针圆筒1转

后幅：

66针　124针　66针
245转
织7转中留124针挑孔
织6转中留84针挑孔
织28转夹边第2针挑孔
织44转夹边第1/2针扭位
121转
124转
夹：3-2-2 / 3-3-6 / 2-3-7　4支边
织25转即收夹
11+1+9
单边　11转
2×1罗纹　平31转

后幅：开342针，面包，圆筒1转

前幅：

66针　124针　66针
纱
11转
假领：3-2-2 / 3-3-4 / 2-3-3 / 1-3-4　无边
夹边第2针挑孔
收第12次领另1转
织3转中留56针收
织40转夹边第1/2针扭位
夹：3-2-2 / 3-3-6 / 2-3-9　4支边
收第3次中留8针抽空直上
织25转即收夹
11+1+9
单边　11转
2×1罗纹　平31转

前幅：开354针，面包，圆筒1转

图 4－13　男衬衫领明门襟长袖衫

思考与实践题

1. 弯夹板型是一切款式的基础吗？
2. 衫夹位减针练习：19 转内，半胸宽 148 针，收掉 32 针，如何计算？
3. 袖山高减针练习：63 转内，袖宽 108 针，半袖尾 28 针，如何计算？
4. 女羊毛衫收腰练习：夹下 116 转内，脚宽 283 针，胸宽 295 针，如何计算？
5. 袖加针练习：袖宽 70 针，袖口 44 针，90 转加完，如何计算？
6. 袖山高减针练习：袖宽 70 针，40 转内收到袖尾余 44 针，如何计算？
7. 领深 7cm，后领宽 19cm，10*G* 缝盘，领片开多少针？领一圈如何分配英寸数据？根据总开针数，又如何排针？
8. 领深 7cm，后领宽 19cm，12*G* 缝盘，领片开多少针？领一圈如何分配英寸数据？根据总开针数，又如何排针？

第五章　插肩袖类套头衫板型与生产工艺

本章知识点

1. 了解插肩袖类套头衫板型原理，掌握制图方法。
2. 熟练掌握插肩袖类套头衫板型计算公式。
3. 掌握挑花组织插肩袖款式的工艺单写法。
4. 学习马鞍肩款式工艺单的写法。

第一节　女圆领斜插肩袖套头衫板型设计原理与工艺计算

女圆领斜插肩套头衫板型设计原理借鉴了机织插肩袖的板型原理，也吸收了羊毛衫款式工艺设计的特点。

一、女圆领斜插肩袖套头衫板型设计原理

女圆领斜插肩袖套头衫板型原理图按表5-1女圆领斜插肩袖羊毛衫尺寸来制作绘制，如图5-1所示为圆领斜插肩袖套头衫全身板型原理图，如图5-2所示为领口板型原理图。全身板型设计吸收了日本文化式和国内衬衫板型的设计，以胸围数值的四分法确定板型分片。斜插肩难点关键是如何控制领口至夹底的斜度。如图5-2中x_1和x_2构成了前夹窄、后夹宽的造型尺度，符合人体较多状态下向前运动的规律。

斜插肩板型中三角形尺寸利用勾股定律可以求得。由计算公式配合板型原理图可以推算出各部位准确的针数和转数，包括易受到织物纵向牵拉，袖长常用的纬平针组织乘从0.95（修正参数）后可恢复原来的长度，所连带的袖宽变窄，乘以1.05%能使袖宽得以修正，对于横向延伸较小的四平组织乘以0.97%（修正参数），都在图5-1中标注。

表5-1　女圆领斜插肩袖羊毛衫尺寸　　单位：cm

部位名称	衫长	胸围	夹深	脚高	袖宽	袖尾	袖罗纹	袖口宽	袖长	后领宽	前领深	领罗纹高
尺寸	57	90	23	6	16.5	8	4	10.5	72	16.6	7.3	4

领口板型原理也是斜插肩板型中的重要因素，如图5-3所示是根据后领宽和前领深将各部位尺寸设计在九格中，后领宽的1/2作三等分，不能整除时，右格小于中格0.01cm，前领

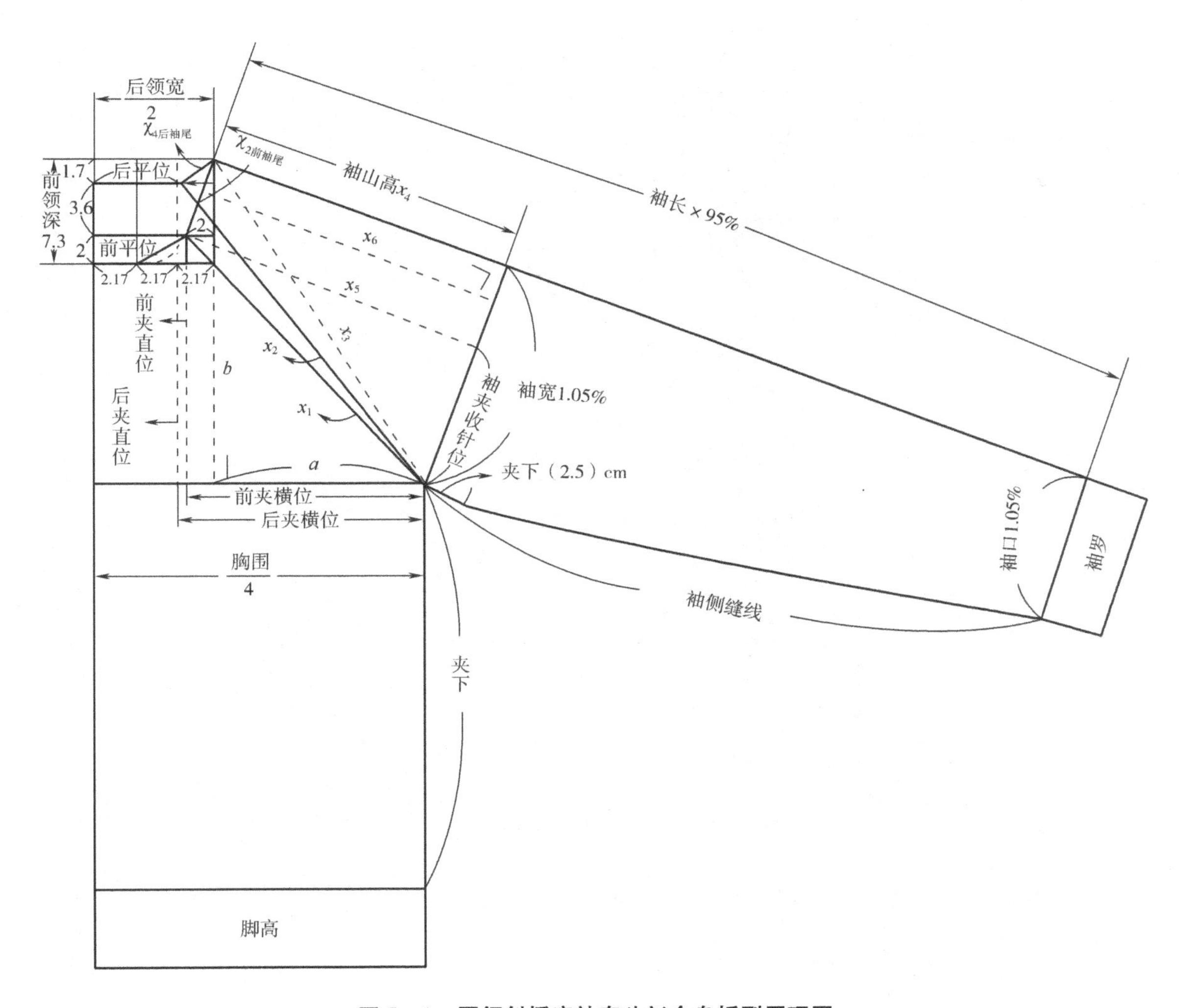

图5-1 圆领斜插肩袖套头衫全身板型原理图

深的中间格一定大于下面格尺寸，女羊毛衫下面格高度控制在1.5～2.5cm，男羊毛衫限制在2～3cm。后袖尾x_8占右面一整格，即2.76cm，前袖尾顶尖向中心移小于格子的1/2，此例中剩余尺寸设计为2cm。

二、前片、后片、袖片各部位的计算

（一）前片各部位的计算

1. 前片未知尺寸的计算方法

（1）前夹横位＝（胸围÷4）－［后领宽÷2－2（前领顶尖向中心移尺寸）］＝22.5－（8.3－2）＝16.2（cm）。

（2）前夹直位＝夹深－［前领深－2（领平位至顶尖）］，即23－5.3＝17.7（cm）。

（3）前夹斜线＝设为x_1勾股定律公式：$a^2+b^2=c^2$。

即前夹斜线平方＝前夹横位平方＋前夹直位平方

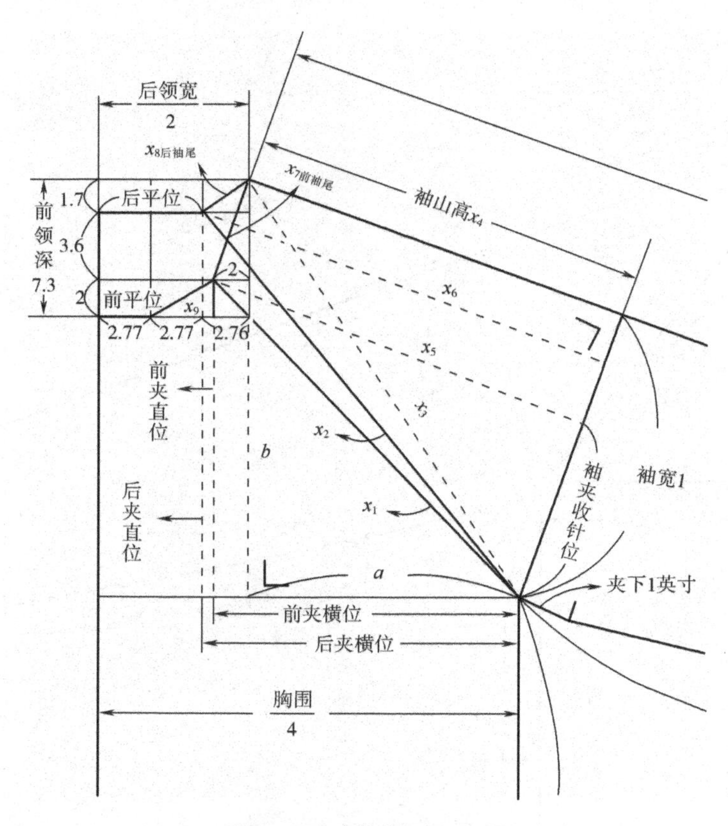

图5－2　夹位板型原理图

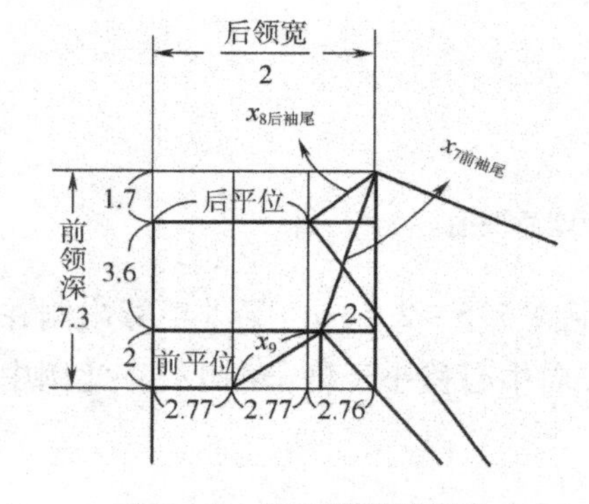

图5－3　领口板型原理图

$$x_1 = \sqrt{16.2^2 + 17.7^2}$$

$$x_1 = \sqrt{575.73}$$

$$x_1 \approx 23.99$$

2. 前片各部位计算公式

（1）衫长转数＝（衫长－脚高－前袖尾）×纵密＋2转（缝耗）。

（2）胸宽针数（衫脚罗纹上梳针数）＝（胸围÷2）×横密＋4针（两侧缝耗）。

（3）夹下转数＝（衫长－脚高－夹深）×纵密。

（4）领宽针数＝｛后领宽－［2＋2（两侧向中心移尺寸）］｝×横密＋4针（两侧缝耗）。

（5）夹收针数＝横密×16.2cm（前夹横位）。

（6）收夹转数＝纵密×17.7cm（前夹直位）。

（7）夹斜线收针计算。已知“收夹转数”和“夹收针数”，即可参考插肩板型原理图进行计算。

注意：最好一段均匀收完针，如3－2－12；如果慢了可分两段收完，务必交替收针。如2－2－1、3－2－1反复6次，以保持夹斜线的垂直度。如果剩余2－2－1则应放在前，若剩余3－2－1则放在后。

（二）后片各部位的计算

1. 后片未知尺寸的计算方法

（1）后夹横位＝（胸围÷4）－［后领宽÷2－2.76（向中心移尺寸）］＝16.96（cm）。

（2）后夹直位＝夹深－1.7cm（后领深）＝21.3（cm）。

（3）后夹斜线尺寸设为x_2。

$$x_2 = \sqrt{16.96^2 + 21.3^2}$$

$$x_2 \approx \sqrt{741.33}$$

$$x_2 \approx 27.23$$

2. 后片各部位计算公式

（1）衫长转数＝［衫长－脚高－后领深（1.7cm）］×纵密＋2转（缝耗）。

（2）胸宽针数（衫脚罗纹上梳针数）＝（胸围÷2）×横密＋4针（两侧缝耗）。

（3）夹下转数与前片相同。

（4）领宽针数＝{后领宽－［2.76×2（两侧向中心移尺寸之合）］}×横密＋4针（两侧缝耗）。

（5）夹收针数＝{（胸围÷4）－［后领宽÷2－2.76（向中心移尺寸）］}×横密。

（6）收夹转数＝［夹深－后领深（1.7cm）］×纵密。

（7）夹斜收针计算。已知“收夹转数”和“夹收针数”，即可参见斜插肩板型原理图进行计算。

注意：后夹斜线收针原则与前片相同，争取一段收完，便于记忆与操作。

（三）袖片各部位的计算

1. 袖片未知尺寸的计算方法

（1）袖山高尺寸是肩颈点与袖宽连接成直角三角之间的高度。但首先要设肩颈点下拉垂直线b与夹底水平线a交汇成直角，设此斜线为x_3，再求袖山高尺寸x_4。

$$x_3 = \sqrt{(22.5 - 8.3)^2 + 23^2} \qquad x_4 = \sqrt{27.03^2 - 16.5^2}$$

$$x_3 = \sqrt{730.64} \qquad x_4 = \sqrt{458.37}$$

$$x_3 \approx 27.03 \qquad x_4 \approx 21.41$$

（2）前袖山高依据勾股定律，$x_5^2 = x_1^2 -$（袖收针位尺寸）^{2}。

（3）袖收针位尺寸＝袖宽－前袖尾x_7。

（4）

$$x_7 = \sqrt{2^2 + 5.3^2} \qquad x_5 = \sqrt{23.99^2 - (16.5 - 5.66)^2}$$

$$x_7 = \sqrt{32.09} \qquad x_5 \approx \sqrt{485.01}$$

$$x_7 \approx 5.66 \qquad x_5 \approx 21.4$$

（5）后袖山高$x_6 = x_5 + 1.7 = 23.1$

2. 袖片各部位计算公式（图5－3、图5－4）

（1）袖长转数（纬平针部位）＝［袖长－袖罗－（后领宽÷2）］×纵密×0.95（修正

值）+2 转（缝耗）。

（2）袖宽针数 =（袖宽尺寸 × 横密）×1.05%（修正值）+4 针（两侧缝耗）。

（3）前袖山高转数 = 前袖山高尺寸（21.4cm）× 纵密 ×0.95%（修正值）。

（4）袖宽收针数 = 袖宽收针位尺寸（10.84cm）× 横密 ×1.05%（修正值）。

（5）前袖山高收针计算。已知“前袖高山转数”和“袖宽收针数”，参见插肩板型原理图进行计算。

后袖尾设为 x_8。

$$x_8 = \sqrt{1.7^2 + 2.76^2}$$

$$x_8 \approx \sqrt{10.5}$$

$$x_8 \approx 3.24$$

（6）袖尾总针数因前袖尾 x_7、后袖尾 x_8 之和是 5.66 + 3.24 = 8.9（cm），所以，袖尾针数 =（原袖尾尺寸 +1）× 横密 ×1.05（修正值）+4 针（两侧缝耗）

（7）袖口起针数 =（袖口尺寸）× 2 × 横密 ×1.05% +4 针（两侧缝耗）

（8）袖口针数 = 袖口起针数 ÷2

（9）袖侧缝线转数 =（袖长 − 袖罗纹 − 袖山高）× 纵密 ×0.95%（修正值）

（10）袖侧缝加针数 = 袖宽针数 − 袖口针数

（11）袖侧缝加针计算。已知“袖侧缝加针数”和“袖侧缝线转数”，以先快后慢两段式加针适合人体上臂粗小臂细的造型特点。

三、领口设计原理与计算方法

领口板型原理图设计，前已阐述，此处不再重复。但要强调的是：

领口总尺寸 =（前平位 + 前领斜位 x_9 + 前袖尾 x_7 + 后袖尾 x_8 + 后平位）×2

1. 领口板型未知尺寸计算

$$x_9 = \sqrt{2^2 + [(2.76-2) + 2.77]^2}$$

$$x_9 \approx \sqrt{16.46}$$

$$x_9 \approx 4.06$$

领口总尺寸 =（2.77 +4.06 +5.66 +3.24 +5.54）×2 =42.54（cm）

2. 建立斜插肩板型原理与图示及工艺计算的意义

综上所述，斜插肩原理图选择胸围数值四分法确定板型尺寸，如此设计避免羊毛衫生产多次起口。又利用勾股定律求得板型中未知的九个三角形尺寸，使斜插肩夹位收针及转数、领片起针与缝合都获得了准确数据。板型图示与计算公式又纳入织物受牵拉后的修正参数。这三项相关联的创新设计对羊毛衫生产正规化、标准化提供了科学依据，具有指导羊毛衫生产的实际意义。

第二节　圆领斜插肩袖类套头衫生产工艺

一、女圆领斜插肩挑花套头长袖衫生产工艺

1. 款式特征

（1）插肩是最具舒适感的造型，在领、脚、袖口罗纹配双线条，更显流畅。

（2）胸前挑花设计成V型，手钩枣子针缀于V型底点，串连成竖线，将款式提高到精细的美感效果。图5-4所示为女装圆领斜插肩挑花长袖衫。

图5-4　女圆领斜插肩挑花套头长袖衫

2. 生产通知单和生产工艺单

表5-2为女圆领斜插肩挑花长袖衫生产通知单，表5-3为女圆领斜插肩挑花长袖衫生产工艺单。

二、女低领斜插肩贴袋短袖衫生产工艺

1. 款式特征

（1）此款斜插肩配有两个贴袋，选择细纱线，设计成方圆低领和短袖搭配。

（2）摆部扩成A造型，既性感又有优雅之感，如图5-5所示为女低领斜插肩贴袋短袖衫。

2. 生产工艺单　表5-4为女低领斜插肩贴袋短袖衫生产通知单，表5-5为女低领斜插肩贴袋短袖衫生产工艺单。

表 5－2　女圆领斜插肩长袖衫生产通知单

××针织厂有限公司——样板生产通知单（初）

单号：ORDER　NO. ________

款号：STYLE　NO. ________

发单日期：DATE. ________

部位 POSITION ＼ 尺码 SIZE	M	L	XL
1. 胸宽（夹下 1 英寸度）Chest Width－1″Below armhole	45		
2. 衫长（领边至衫脚）Body length－HSP to bottom edge	58		
3. 肩宽（缝至缝）Shoulder Width－Seam to Seam			
4. 肩斜（领边至肩缝）Shoulder slope－HSP to Seam			
5. 腰高（领边至腰细处）Waist length－from HSP to the most Thin waist			
6. 脚宽（衫脚顶度）Bottom Width－edge to edge	45		
7. 脚高（衫脚罗纹高）Bottom rib height	6		
8. 夹宽（缝至缝垂直度）Armhole Width－Vertical/seam to seam	23		
9. 插袖长（后领中过肩至袖边）Sleeve length－3－Point（CBN－shoulder point－cuff）	63		
10. 袖宽（袖夹下 1 英寸度）Sleeve Width－1″Below armhole	16.5		
11. 袖口宽（罗纹顶度）Sleeve Cuff Width－at the top of the rib	11		
12. 袖口高（袖罗纹高）Sleeve Cuff height	4		
13. 前领深（领边至骨）Front neck drop－HPS to seam	6.5		
14. 后领宽（骨至骨）Back neck width－edge to edge	19		
15. 后领深（领边至骨）Back neck drop－HPS to Seam	2		
16. 领贴高（侧边度）Neck Trim height－From side	4		

款式名称（Description）女圆领斜插肩挑花长袖衫	厂名（Factory）
毛纱品质（Quality）　26/2 公支　100%棉	客名（Client）
成品重量（weight）　磅（lbs）/打（Doz）	客号（Client no.）
交货日期（ship date）　年　月　日	针型（Gauge）　缝盘（Sewing）
交毛日期（Yarn delivery date）　年　月　日	数量（Quantity）　件 批板（sample）

款样（Style）	色号（Color NO.）
	A　白色　1 件
	B　粉色
	C
	D
	备注（Remarks）

工艺说明（Remarks）

1. 大身前片中心挑花、后片单边。领、衫脚、袖口 2×1 罗纹，上下配粉色。
2. 领贴 2×1 罗纹、圆筒包缝。
3. 手感要柔软。
4. 交货重量 250g。

交板日期（delivery）　年　月　日	制单人：PREPARED BY：	主管：DIRECTOR	复核：APPROVED BY

表 5-3　女圆领斜插肩长袖衫生产工艺单

××针织厂有限公司——样板生产工艺单

单号:ORDER　NO.
款号:STYLE　NO.
发单日期:DATE.

款名:女圆领斜插肩挑花长袖衫	机型:9G	缝盘:12G	制单人:
客名名称:	客号:	备注:	

26/2 公支,毛 2 条,单边身面 10 支拉,1-7/8 英寸

26/2 公支,毛 2 条,2×1 罗纹,衫脚底、面 15 支拉,2-4/8 英寸

密度	大身 4.6×3.1×0.391		
	衫脚 1cm² 织 3.3 转		
落机重量(磅)	全长(英寸)	收夹　4　支边	
前片	25-7/8	收领　　支边	
后片	26-1/8	收膊　　支边	
袖	31-2/8	收腰　　支边	
领	2-2/8	生产数量	
贴		XS	打
袋		S	打
带		M	打
衫片总重:　　磅		L	打
一打衫片重:　　磅		XL	打

工艺与操作说明:

1. 全身单边,领、袖口、衫脚 2×1 罗纹。
2. 转挑中孔用一眼柄,两侧用四眼柄连续挑 10 转,之后有一转不挑,共 12 个花,见图示。
3. 领"2-1/2 转"换粉色,前、后共放"字码卡"4 片。
4. 做粉色枣子点缝于 V 形移圈下(见通知单)。

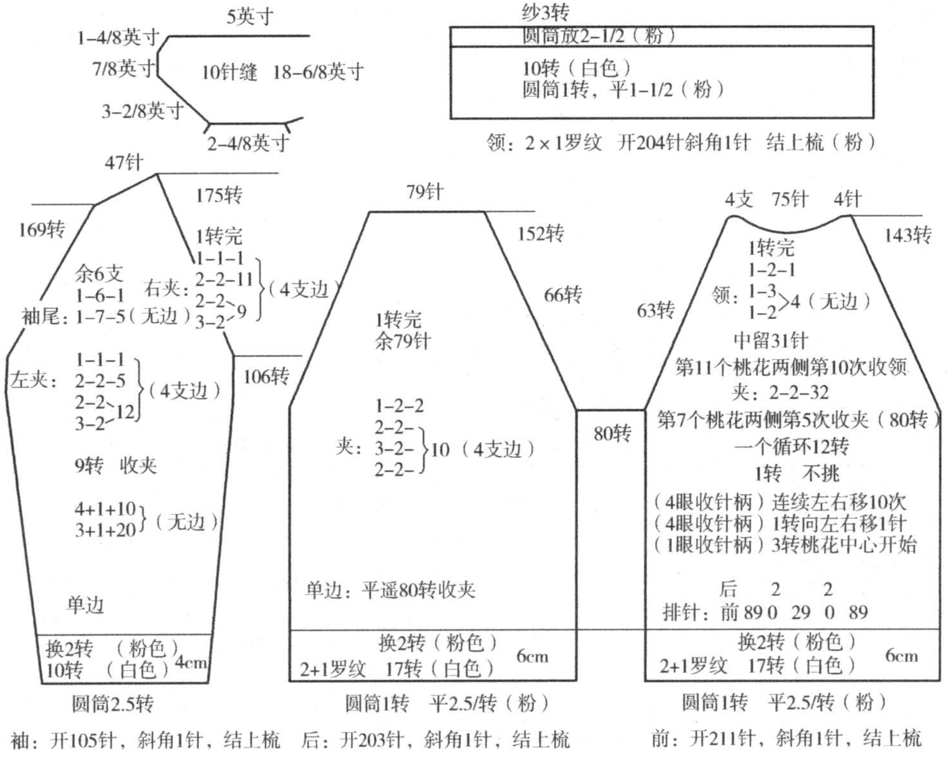

5英寸
1-4/8英寸
7/8英寸
10针缝　18-6/8英寸
3-2/8英寸
2-4/8英寸

纱3转
圆筒放2-1/2(粉)
10转(白色)
圆筒1转,平1-1/2(粉)
领:2×1罗纹　开204针斜角1针　结上梳(粉)

47针
175转
169转
1转完
1-1-1
右夹:2-2-11
2-2-9
3-2
(4支边)
余6支
1-6-1
袖尾:1-7-5(无边)
106转
左夹:1-1-1
2-2-5
2-2-12
3-2
(4支边)
9转　收夹
4+1+10
3+1+20
(无边)
单边
换2转　(粉色)
10转　(白色)　4cm
圆筒2.5转
袖:开105针,斜角1针,结上梳

79针
152转
66转
1转完
余79针
1-2-2
夹:2-2-
3-2-
2-2-
10(4支边)
单边:平遥80转收夹
换2转(粉色)
2+1罗纹　17转(白色)　6cm
圆筒1转　平2.5/转(粉)
后:开203针,斜角1针,结上梳

80转

4支　75针　4针
143转
63转
1转完
1-2-1
领:1-3
1-2
>4(无边)
中留31针
第11个桃花两侧第10次收领
夹:2-2-32
第7个桃花两侧第5次收夹(80转)
一个循环12转
1转　不挑
(4眼收针柄)连续左右移10次
(4眼收针柄)1转向左右移1针
(1眼收针柄)3转桃花中心开始
后　2　2
排针:前 89 0　29　0　89
换2转(粉色)
2+1罗纹　17转(白色)　6cm
圆筒1转　平2.5/转(粉)
前:开211针,斜角1针,结上梳

表5－4　女低领斜插肩短袖衫生产通知单

××针织厂有限公司——样板生产通知单(初)

单号:ORDER　NO. ________

款号:STYLE　NO. ________

发单日期:DATE. ________

尺码 SIZE / 部位 POSITION	M	L	XL
1. 衫长(领边至衫脚)Body length－HSP to bottom edge		27	
2. 胸宽(夹下1英寸度) Chest Width－1″Below armhole		17	
3. 肩宽(缝至缝)Shoulder Width－Seam to Seam		15.748	
4. 肩斜(领边至肩缝)Shoulder slope－HSP to Seam		1.181	
5. 腰高(领边至腰细处)Waist length－from HSP to the most Thin waist		12/17 宽	
6. 脚宽(衫脚顶度)Bottom Width－edge to edge		21	
7. 脚高(衫脚罗纹高)Bottom rib height		0.625	
8. 夹深(缝至缝垂直度)Armhole Width－Vertical/seam to seam		11.750 (后中度)	
10. 插袖长(后领中过肩至袖边)Sleeve length－3－Point (CBN－shoulder point－cuff)		11.500	
11. 袖宽(袖夹下1英寸度)Sleeve Width－1″Below armhole		6.500	
13. 袖口宽(罗纹顶度)Sleeve Cuff Width－at the top of the rib		6.500	
14. 袖口高(袖罗纹高) Sleeve Cuff height		0.250	
15. 前领深(领边至骨) Front neck drop－HPS to seam		8.750	前尖距 3.25
16. 后领宽(骨至骨)Back neck width－edge to edge		9.500	
17. 后领深(领边至骨)Back neck drop－HPS to Seam		2.000	后尖距 1.75
18. 领贴高(侧边度)Neck Trim height－From side		0.250	

交板日期(delivery)　　年　月　日

款式名称(Description)女低领斜插肩短袖衫	厂名(Factory)
毛纱品质(Quality)30/2 公支 55% 麻 45% 棉	客名(Client)
成品重量(weight) 3.6110 磅(lbs)/打(Doz)	客号(Client no.)
交货日期(ship date)　　年　月　日	针型(Gauge)14G 缝盘(Sewing)16G
交毛日期(Yarn delivery date)　　年　月　日	数量(Quantity)1 件 批板(sample)

款样(Style)

色号(Color NO.)
A 大红　1 件
B
C
D
备注(Remarks) 测量单位以英寸制

工艺说明(Remarks)

1. 大身前片、后片、袖单边,衫脚、袖口圆筒。
2. 领贴、口袋1×1罗纹,圆筒包缝。
3. 口袋中心有缩褶。
4. 夹有明花3针。

制单人: PREPARED BY	主管: DIRECTOR	复核: APPROVED BY

表 5－5 女低领斜插肩短袖衫生产工艺单

××针织厂有限公司——样板生产工艺单

单号:ORDER NO.
款号:STYLE NO.
发单日期:DATE.

款名:女低领斜插肩短袖衫— 单边 | 机型: 14G | 缝盘:18G | 制单人:

客名名称: | 客号: | 备注:

30/2 公支,毛 1 条,单边,身、面 10 支拉,1－3/8英寸,55% 亚麻 45% 棉

30/2 公支,毛 1 条,衫脚 1×1 罗纹,面 8 支拉,2－2/8 英寸

密度:
大身 19.28×12.5 ×0.148148
衫脚:5 坑拉 1－3.5/8 英寸,$1cm^2$ 织 14.4 转

落机重量(磅)		全长(英寸)	收夹 4 支边	
前片	1.2273	44－1/8	收领×支边	
后片	1.2501	47－3/8	收膊×支边	
袖	0.4510	14－1/8	收腰×支边	
领	0.4103		生产数量	
袋	0.0893		XS	打
袋贴	0.1830	6－3/8	S	打
带			M	打
每件衫重:3.611 磅			L	打
每打衫重:43.3320 磅			XL	打

工艺与操作说明:
1. 袋单边、袋贴和领贴的圆筒毛 1 条。
2. 10 支拉 1－1.5/8 英寸。
3. 1×1 罗纹,2 条毛,10 支拉 2－2/8 英寸。
4. 领周长:7－2/8 英寸+5 英寸×2+7－4/8 英寸×2=33－2/8 英寸。
5. 18G 盘缝,2 支缝耗。后领:8－3/8 英寸。
6. 袖尾 5－1/4 英寸,前平:2－4/8 英寸,前斜 6－3/8 英寸×2。
7. 袖口反缝卷边,袋贴中缩褶位上盘 7/8 英寸,出盘 1 英寸。

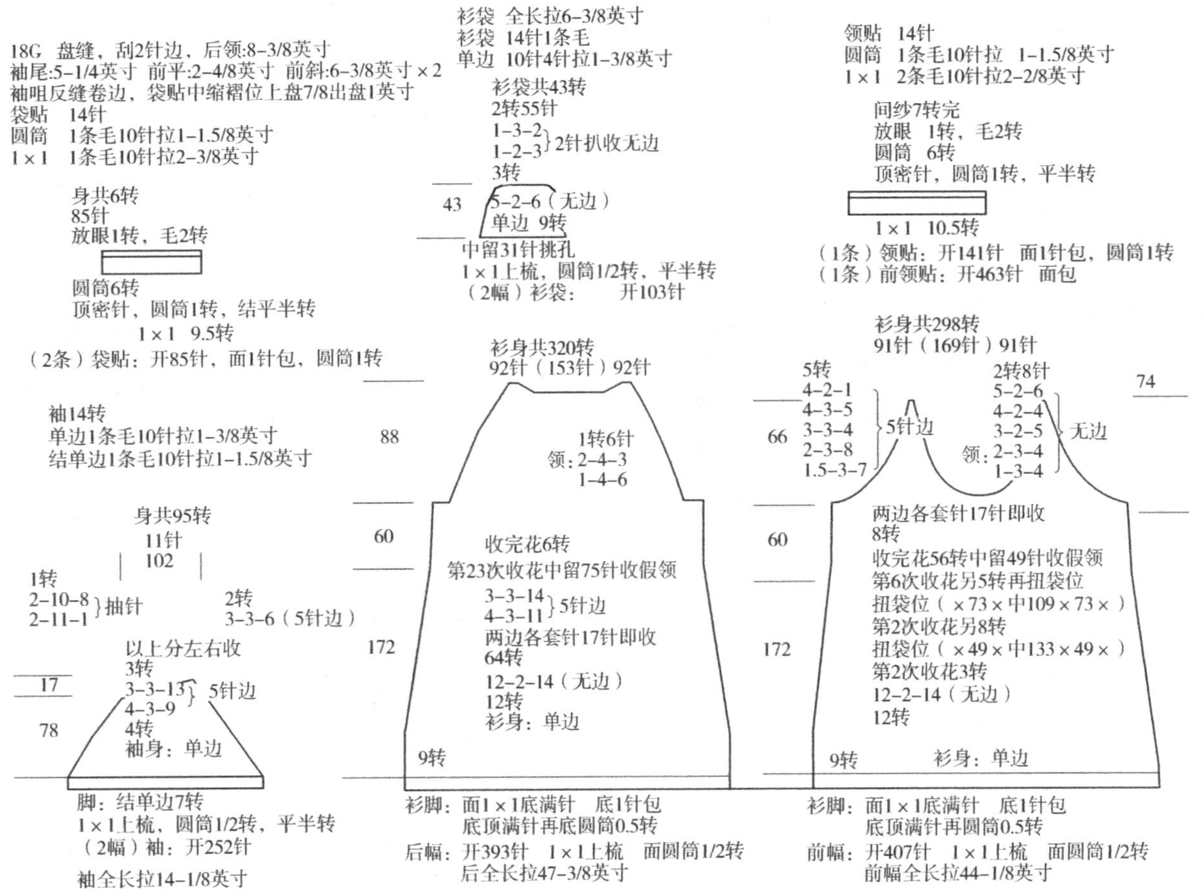

18G 盘缝,刮2针边,后领:8-3/8英寸
袖尾:5-1/4英寸 前平:2-4/8英寸 前斜:6-3/8英寸×2
袖咀反缝卷边,袋贴中缩褶位上盘7/8出盘1英寸
袋贴 14针
圆筒 1条毛10针拉1-1.5/8英寸
1×1 1条毛10针拉2-3/8英寸

身共6转
85针
放眼1转,毛2转
圆筒6转
顶密针,圆筒1转,结平半转
1×1 9.5转
(2条)袋贴:开85针,面1针包,圆筒1转

袖14转
单边1条毛10针拉1-3/8英寸
结单边1条毛10针拉1-1.5/8英寸

身共95转
11针
102
1转
2-10-8
2-11-1 } 抽针
2转
3-3-6(5针边)
以上分左右收
3转
3-3-13
4-3-9 } 5针边
4转
袖身:单边
17
78
脚:结单边7转
1×1上梳,圆筒1/2转,平半转
(2幅)袖:开252针
袖全长拉14-1/8英寸

衫袋 全长拉6-3/8英寸
衫袋 14针1条毛
单边 10针4针拉1-3/8英寸
衫袋共43转
2转55针
1-3-2
1-2-3 } 2针扒收无边
3转
43
5-2-6(无边)
单边 9转
中留31针挑孔
1×1上梳,圆筒1/2转,平半转
(2幅)衫袋: 开103针

衫身共320转
92针(153针)92针
1转6针
领:2-4-3
1-4-6
88
60
收完花6转
第23次收花中留75针收假领
3-3-14
4-3-11 } 5针边
两边各套针17针即收
64转
12-2-14(无边)
12转
衫身:单边
172
9转
衫脚:面1×1底满针 底1针包
底顶满针再底圆筒0.5转
后幅:开393针 1×1上梳 面圆筒1/2转
后全长拉47-3/8英寸

领贴 14针
圆筒 1条毛10针拉 1-1.5/8英寸
1×1 2条毛10针拉2-2/8英寸
间纱7转完
放眼 1转,毛2转
圆筒 6转
顶密针,圆筒1转,平半转
1×1 10.5转
(1条)领贴:开141针 面1针包,圆筒1转
(1条)前领贴:开463针 面包

衫身共298转
91针(169针)91针
5转
4-2-1
4-3-5
3-3-4
2-3-8
1.5-3-7 } 5针边
2转8针
5-2-6
4-2-4
3-2-5
领:2-3-4
1-3-4 } 无边
74
66
60
两边各套针17针即收
8转
收完花56转中留49针收假领
第6次收花另5转再扭袋位
扭袋位(×73×中109×73×)
第2次收花另8转
扭袋位(×49×中133×49×)
第2次收花3转
12-2-14(无边)
12转
172
9转
衫身:单边
衫脚:面1×1底满针 底1针包
底顶满针再圆筒0.5转
前幅:开407针 1×1上梳 面圆筒1/2转
前幅全长拉44-1/8英寸

图5-5　女低领斜插肩贴袋短袖衫

三、男装圆领马鞍肩套头长袖衫生产工艺

1. 款式特征

（1）马鞍肩款式舒适度最佳，适合男性春、秋两季穿着的款型。

（2）淡淡的色彩更显年轻。如图5-6所示为男装圆领马鞍肩长袖衫。

2. 生产通知单和生产工艺单

表5-6为男装圆领马鞍肩长袖衫生产通知单，表5-7为男装圆领马鞍肩长袖衫生产工艺单。

图5-6　男装圆领马鞍肩套头长袖衫

表5-6　男装圆领马鞍肩套头长袖衫生产通知单

××针织厂有限公司——样版生产通知单(初)

单号:ORDER　NO. ________

款号:STYLE　NO. ________

发单日期:DATE. ________

部位 POSITION ＼ 尺码 SIZE	S	M	L	XL
1. 胸宽(夹下1英寸度) Chest Width - 1"Below armhole		52		
2. 衫长(领边至衫脚) Body length - HSP to bottom edge		66		
3. 肩宽(缝至缝) Shoulder Width - Seam to Seam		36		
4. 腰高(领边至腰细处) Waist length - from HSP to the most Thin waist				
5. 脚宽(衫脚顶度) Bottom Width - edge to edge		36		
6. 脚高(衫脚罗纹高) Bottom rib height		6		
7. 夹宽(缝至缝垂直度) Armhole Width - Vertical/seam to seam		26		
8. 装袖长(肩缝至袖边) Sleeve length - From shoulder point to seam				
9. 插袖长(后领中过肩至袖边) Sleeve length - 3 - Point(CBN - shoulder point - cuff)		78		
10. 袖宽(袖夹下1英寸度) Sleeve Width - 1"Below armhole		21		
12. 袖口宽(罗纹顶度) Sleeve Cuff Width - at the top of the rib		8		
13. 袖口高(袖罗纹高) Sleeve Cuff height		6		
14. 前领深(领边至骨) Front neck drop - HPS to seam		8		
15. 后领宽(骨至骨) Back neck width - edge to edge		17		
16. 后领深(领边至骨) Back neck drop - HPS to Seam		2		
17. 领贴高(侧边度) Neck Trim height - From side		2.5		

款式名称(Description)男装圆领马鞍肩套头长袖衫—单边	厂名(Factory)
毛纱品质(Quality)48/2公支　100%　精纺羊毛	客名(Client)
成品重量(weight)　磅(lbs)/打(Doz)	客号(Client no.)
交货日期(ship date)　年　月　日	针型(Gauge)　12 缝盘(Sewing)　16
交毛日期(Yarn delivery date)　年　月　日	数量(Quantity)　1件 批板(sample)

款样(Style)

A	白色　1件
B	
C	
D	
配料(Accessories)	

工艺说明(Remarks)

1. 大身、袖单边,10支拉1-4.5/8英寸。
2. 衫脚、袖口1×1罗纹,2条毛。
3. 缝耗2针,面留2针花。
4. 大身前片、后片的脚罗纹位置做一样长。
5. 所有缝线不可过紧。

交板日期(delivery)　年　月　日	制单人: PREPARED BY	主管: DIRECTOR	复核: APPROVED BY

表 5-7 男装圆领马鞍肩长袖衫生产通知单

× ×针织厂有限公司——样版生产工艺单

单号:ORDER NO.

款号:STYLE NO.

发单日期:DATE.

款名:男装圆领马鞍肩套头长袖衫——单边	机型:9G	缝盘:12G	制单人:
客名名称:	客号:	备注:	

48/2 公支,毛 2 条,单边,身、面 10 支拉,1-4.5/8 英寸,100% 精纺羊毛

48/2 公支,毛 2 条, 1×1 罗纹,衫脚、底、面 10 支拉,2-3/8 英寸,100%精纺羊毛

密度	大身 5.806 ×4.215 ×0.169		
	衫脚、袖口、领:1cm^{2}织 5.3 转		
落机重量(磅)	全长(英寸)	收夹 4 支边	
前片	37-4/8	收领	支边
后片	42	收膊	支边
袖	45	收腰	支边
领		生产数量	
袋		S	打
衫片总重: 磅		M	打
一打衫片重: 磅		L	打

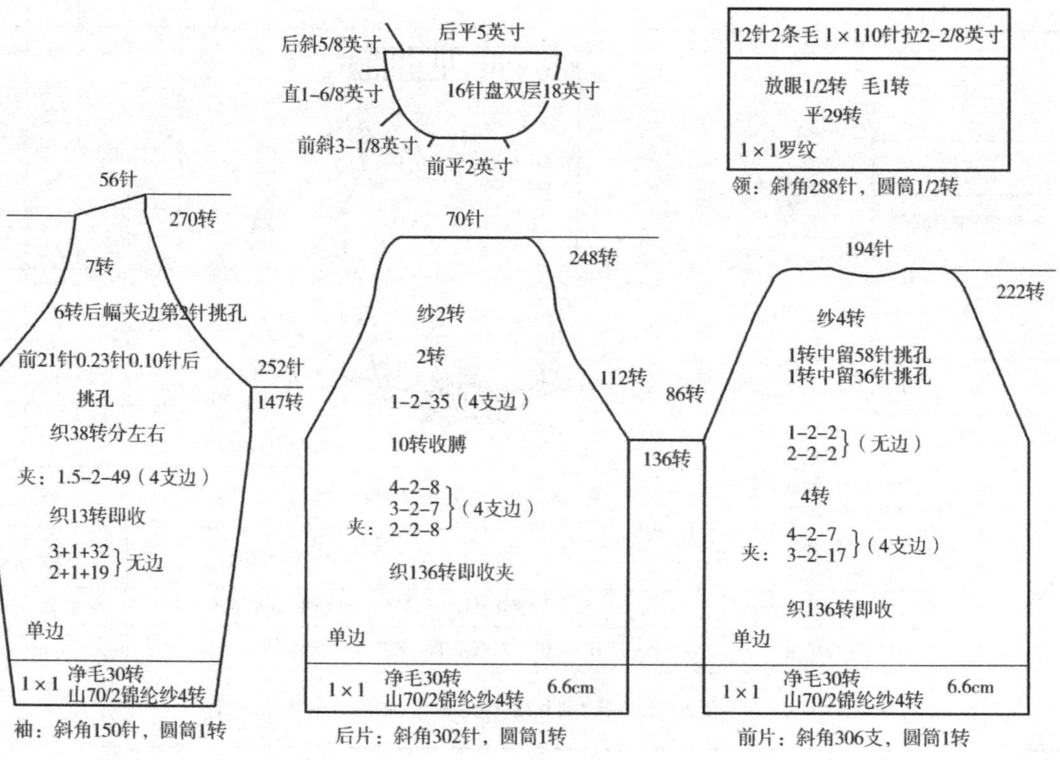

工艺与操作说明:

1. 大身、袖单边,10 支拉,1-4.5/8 英寸。
2. 1×1 罗纹,2 条毛,1cm^{2}织 5.48 转。
3. 缝耗 2 针,面留 2 针花。
4. 身前片、后片的衫脚罗纹一样长。
5. 所有缝线不可过紧。

思考与实践题

1. 如何运用斜插肩板型原理变款设计？
2. 尝试直角三角形应用于其他类款式的工艺设计。

第六章　羊毛衫设计与思维程序

本章知识点

1. 认识羊毛衫的分类，掌握款式平面图画法，理解织片图形。
2. 理解羊毛衫造型及各类款式设计是通过工艺实现的。
3. 掌握羊毛衫设计思维过程，迅速进入设计状态。

第一节　羊毛衫款式分类与平面图画法

羊毛衫款式分类是由生产工艺决定的，归纳起来分三大类：装袖型、插肩型、连袖连身型。对于羊毛衫工艺师或设计师不仅要学会画款式平面图，也要认识羊毛衫织片平面图形。

一、装袖型平面图与织片图画法

1. 直夹平肩型　如图 6 – 1 所示为直夹平肩型款式是装袖型中工艺最简单的一款。肩、夹均为90°直角。身筒型画垂直线。领底双曲线表示圆筒包缝工艺，一条线表示单层领，双层领通常以文字补充。领、袖口、衫脚设计采用 1 ×1 罗纹，线条应等距离，若是 2 ×1 罗纹、2 ×2 罗纹则两根线条画得近些，相隔距离大一点。大身除

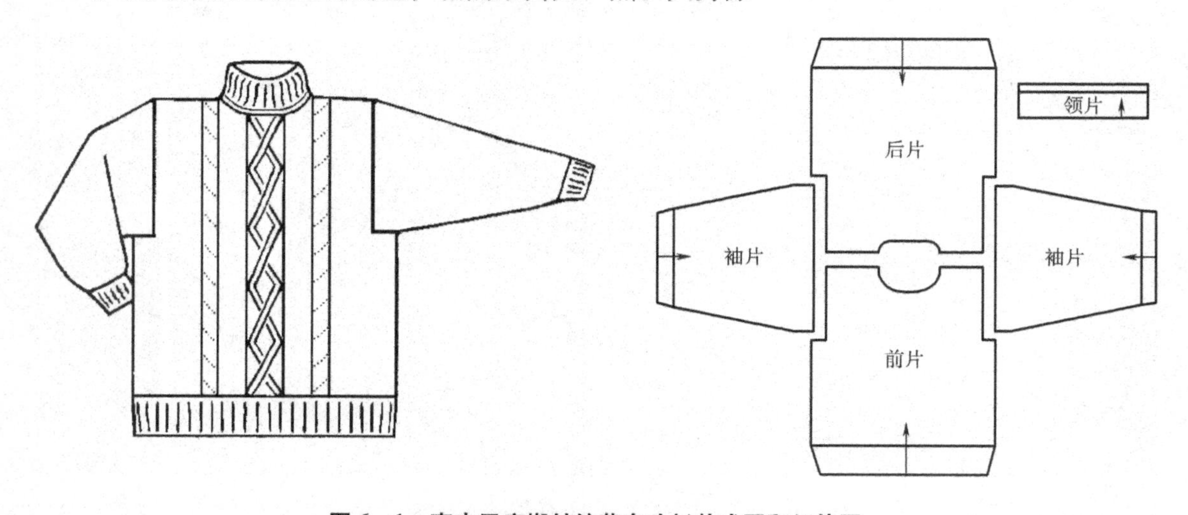

图 6 –1　直夹平肩搬针绞花套头衫款式图和织片图

平针组织外，花型单元的花高和花宽、移圈方向与循环次数都要明确体现出来，如图6－1所示是搬2针中心的阿兰花，如果3针就要画3条线。平面图也为现代电脑横机花型设计编辑提供准确的工艺数据。这款直夹平肩型，前、后身两片、袖两片、领一片，共五片织片图形，尖头表示编织方向。

如图6－2所示为男羊毛衫的衫脚位置略窄于胸宽是常见款式，体现男性宽肩臀窄体型。胸贴罗纹有横、竖工艺，通常贴是竖的四平贴或罗纹，但这款是横贴，充分展示与众不同的织物拼接效果。此款织片多了两片胸贴，一共7片。

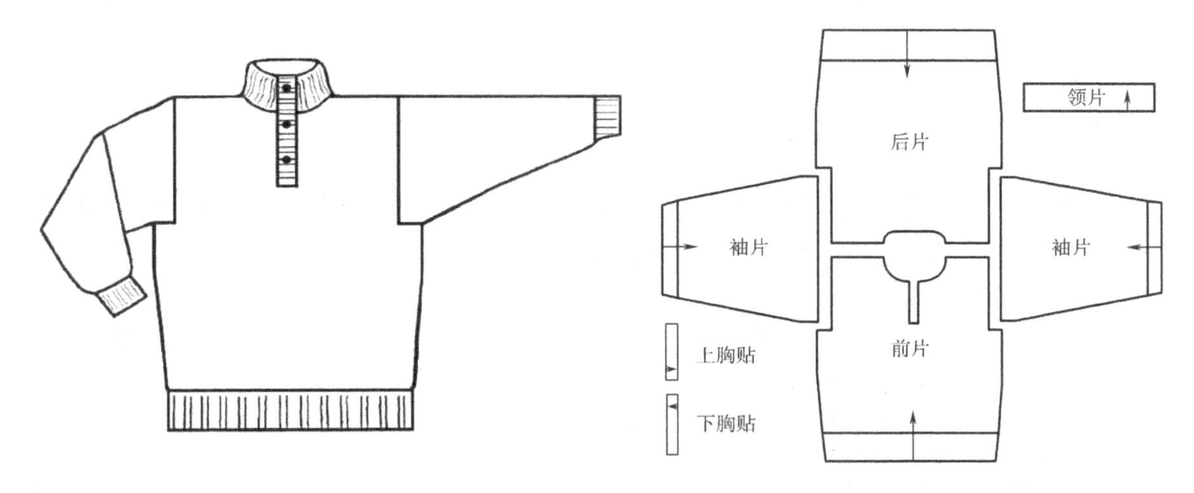

图6－2　直夹平肩半开胸套头衫款式图和织片图

2. 入夹平肩型　入夹平肩型的特点“夹”是45°斜角，夹、袖由对应收花工艺表示，成对应八字在斜线两侧，如图6－3所示。此类款式变化主要在衫的长与短、领的高与低，以及织物组织结构综合变化中获得设计的突破。如图6－4所示一字领设计，大身组织设计利用正、反针工艺显示凹凸肌理效果。前针床2针工作、后针床隔若干针，并以水平和山状结束。此线条比例表现准确与否，直接影响板型生产工艺计算，不能含糊。

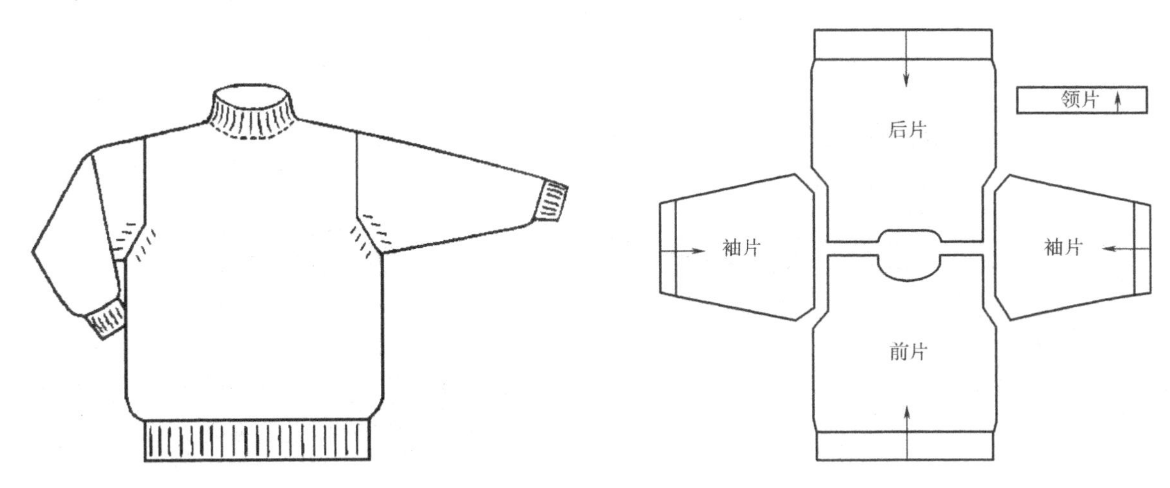

图6－3　入夹平肩套头衫款式图和织片图

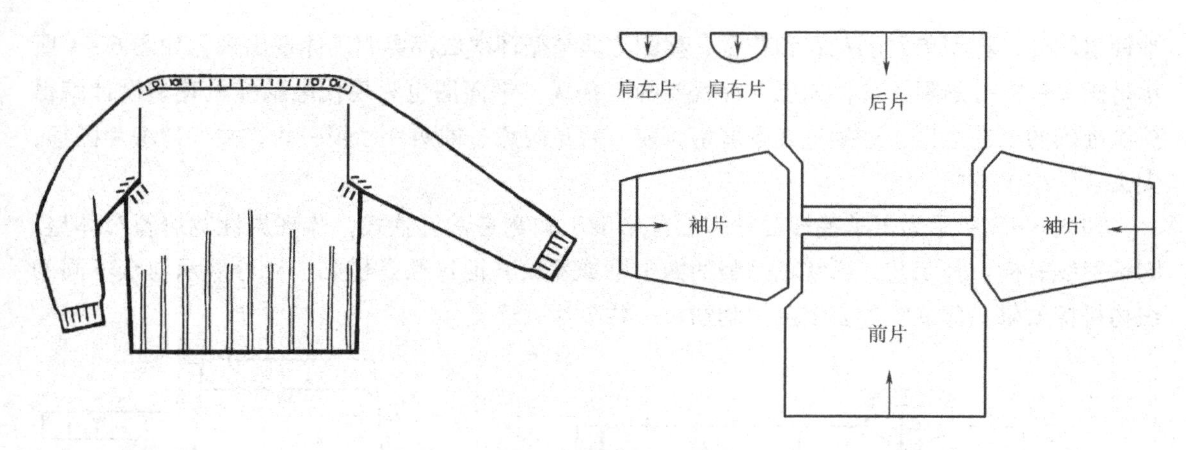

图6-4　一字领入夹平肩款式图和织片图

3. 入夹斜肩型　入夹斜肩型的夹和肩都是斜线造型，只是角度不同，如图6-5~图6-7所示。三款造型大的结构无区别，而图6-5中领是2×1罗纹，单面平针组织间色工艺，用

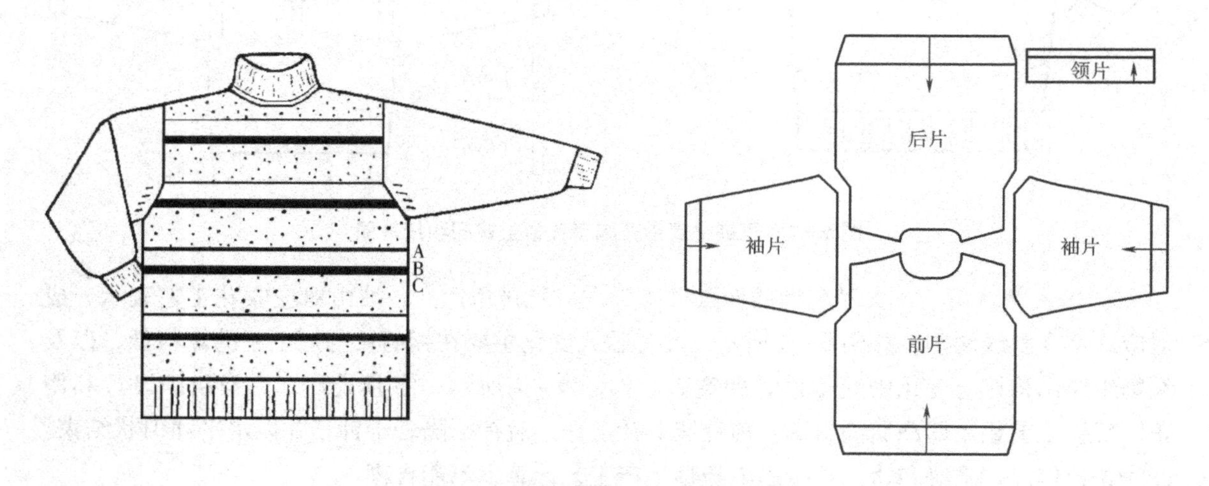

图6-5　入夹斜肩间色中高领套头衫款式图与织片图

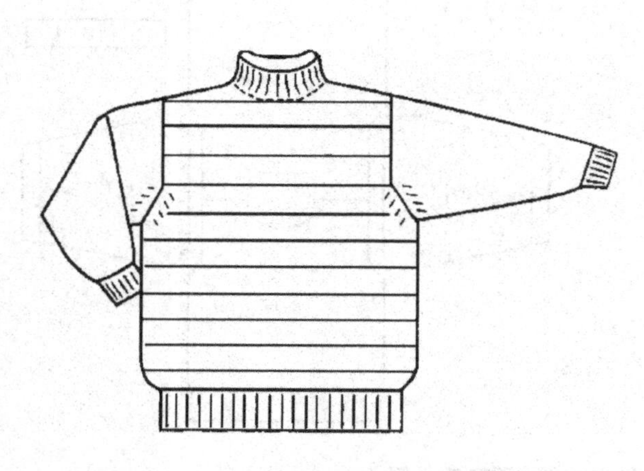

图6-6　入夹斜肩正反针套头衫款式图

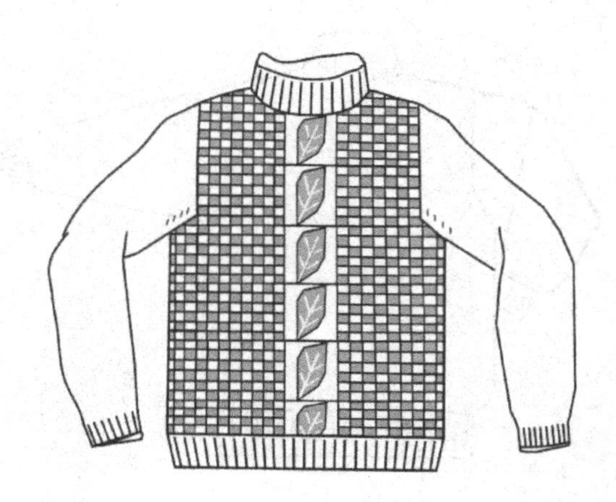

图6-7　入夹斜肩叶型提花套头衫款式图

A、B、C 标注三种色彩。图6－6 所示细横条表示1 转反针工艺，由于现代电脑横机具有翻针自动化功能，类似这种单色正、反针工艺的款式也越来越多，俗称“令士”组织。如图6－7所示领、袖口、衫脚部位是1×1 罗纹。前身是以叶子和小方格结合的提花设计。图案的循环需要严格控制，即开始半个花高，结束完整花高或半个花高。一个单元内花型比例要详细表现，白框是正针、灰框是反针。为确保电脑编程人员编辑的准确性，另绘制一幅花型单元意匠图，如何绘制意匠图，参见第六章的第三节。

4. 弯夹斜肩型　弯夹斜肩型夹线是弯曲的，依靠收花形成曲线。如图6－8 和图6－9 所示。由于弯夹造型适合人体，是现代电脑横机羊毛衫生产工艺应用最多的造型。尤其高档男毛衫多配背肩缝，如图6－8 所示是前片织平肩折到后背，后片收花。尖领有收花工艺，上下两个明贴，四平组织后再织圆筒组织包缝，因此横条靠右侧有两条竖线。如图6－9 所示平领不收花，胸前片分大、小边编织，所以胸贴“小边”有两条竖线是由于平针组织包缝“大边”时呈现的外观效果。两款生产工艺不同，尤其对于织片图需深入理解并辨认出不同的板型特征。

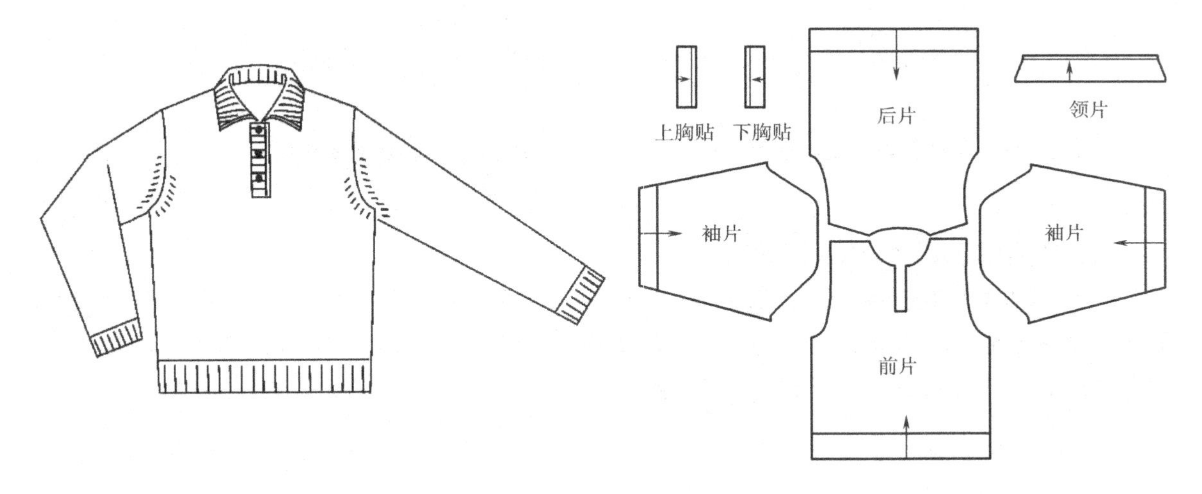

图6－8　男尖领明贴弯夹背肩缝长袖衫款式图和织片图

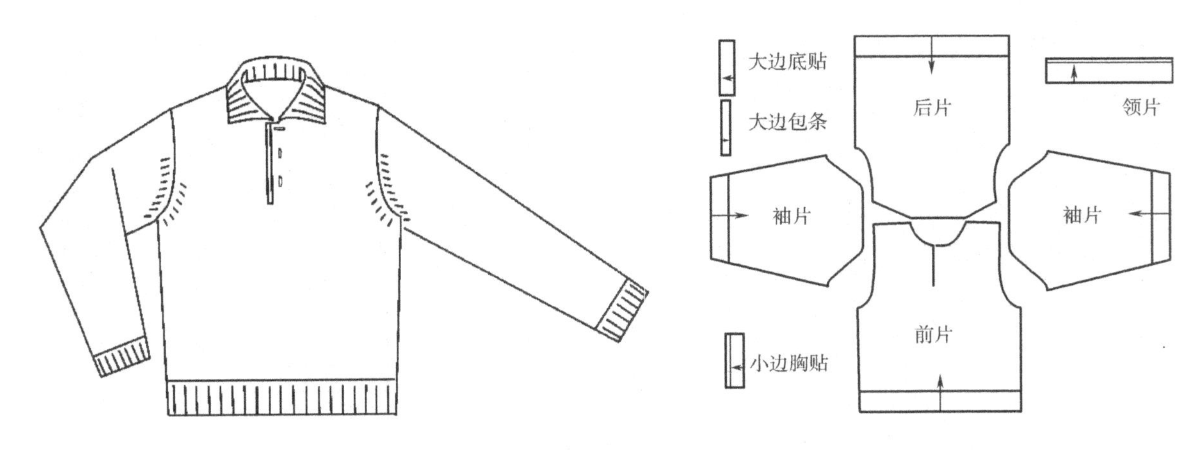

图6－9　男T恤领大小边开胸弯夹背肩缝长袖衫款式图和织片图

5. 弯夹斜肩V领 此样式为男羊毛衫配领带普遍应用的款式。传统V领款式如图6－10（a）所示，对折后的罗纹线与中心竖线成45°。罗纹线条一定成八字画。图6－10（b）所示V领是利用平针组织卷边特性设计的造型。领的上两条是卷边线，注意卷边里线向内转，后领底线在其下，如此绘图获得立体感。靠近收花是领片和身的缝合线。图6－11是重叠式V领造型，也是V领中常见的时尚款式。

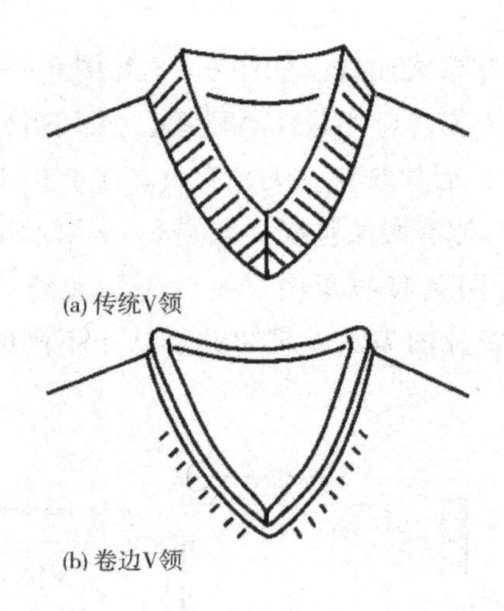

图6－10 传统V领与卷边V领

图6－11 男重叠式V领长袖衫

二、插肩型平面图与织片图画法

1. 斜插肩型 其特点是肩、袖相连一起斜插入领型中的造型，俗称“尖膊”。身、袖两侧均有收花表现。斜插款式织片的基本画法如图6－12（b）所示，特点是前领窝略收浅弧线，袖尾成前低后高的斜线连接前、后身片。

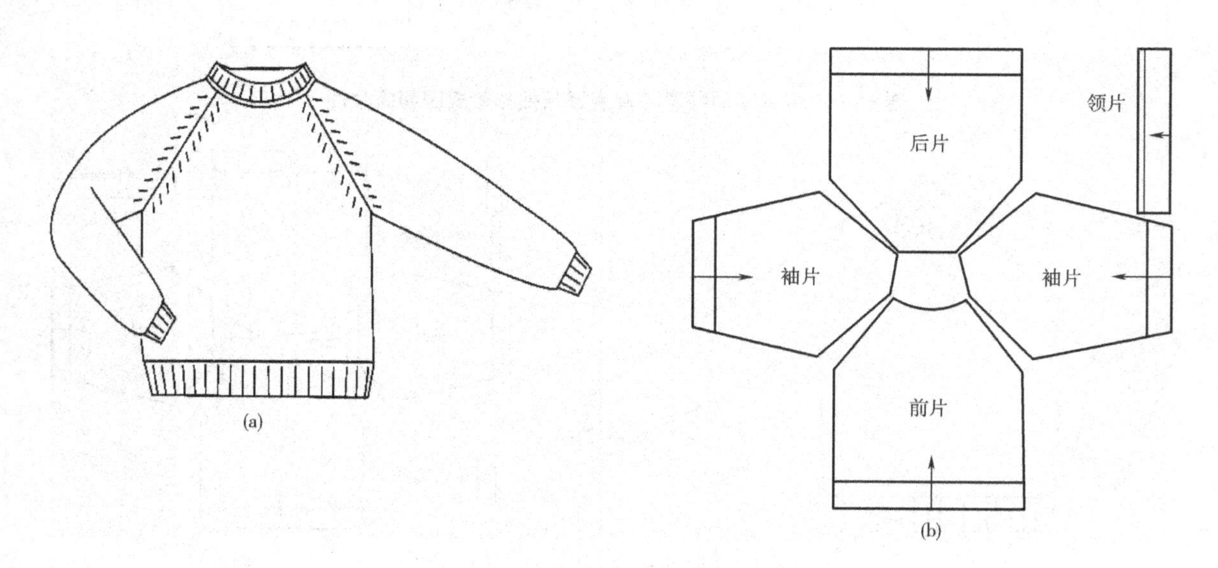

图6－12 圆领斜插肩型长袖衫款式图和织片图

2. 马鞍插肩型　马鞍插肩型，夹顶呈现水平线或略倾斜的线经转弯成竖线再弯曲至夹底，形状似马鞍，俗称“马鞍夹”，如图6－13所示。高翻领呈展开表现，并标明尺寸。胸前小提花组织的单元比例即花高、花宽的尺寸，表现位置准确、花纹清晰，为生产工艺和电脑花型编辑提供具体依据，另配花型意匠图。

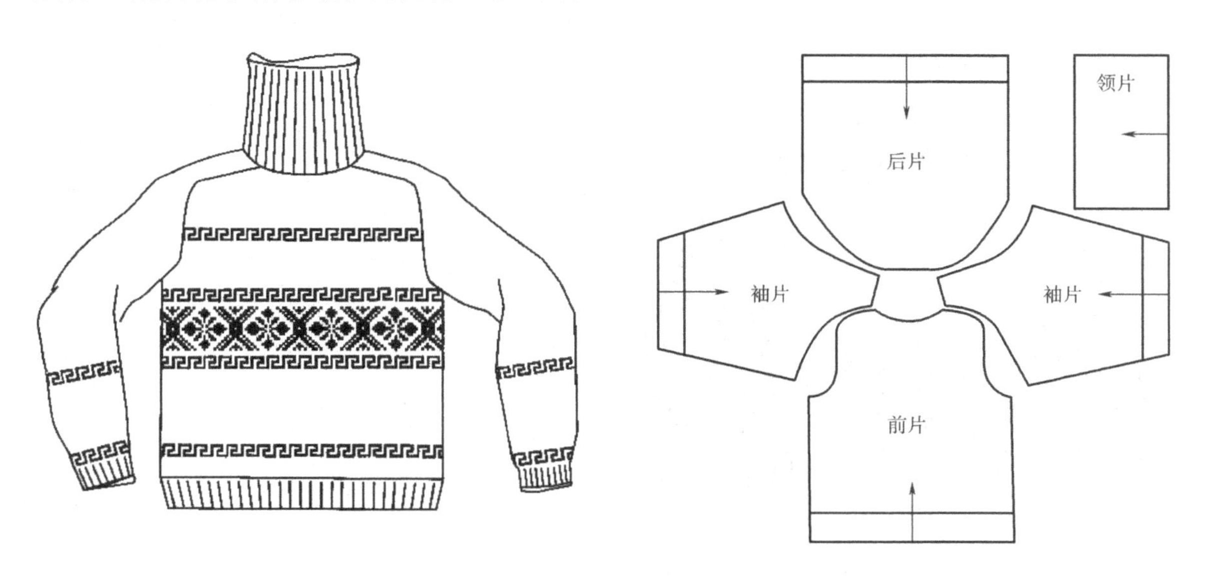

图6－13　马鞍肩高翻领提花长袖款式图和织片图

3. 牛角插肩型　牛角插肩型夹是向外弯的曲线，型似牛角，俗称“牛角夹，”如图6－14所示。款式平面图前身可以设计为搬针，也可采用芝麻底双面提花组织，这种不规律花型设计更体现了现代针织生产工艺的优势。花型特征是菱形、花型比例及位置疏密关系成为平面图重点的表现内容。前身一起织，中间留一空针作记号，剪开缝门贴。这款需先上领片，再上门贴，俗称“贴包领”。

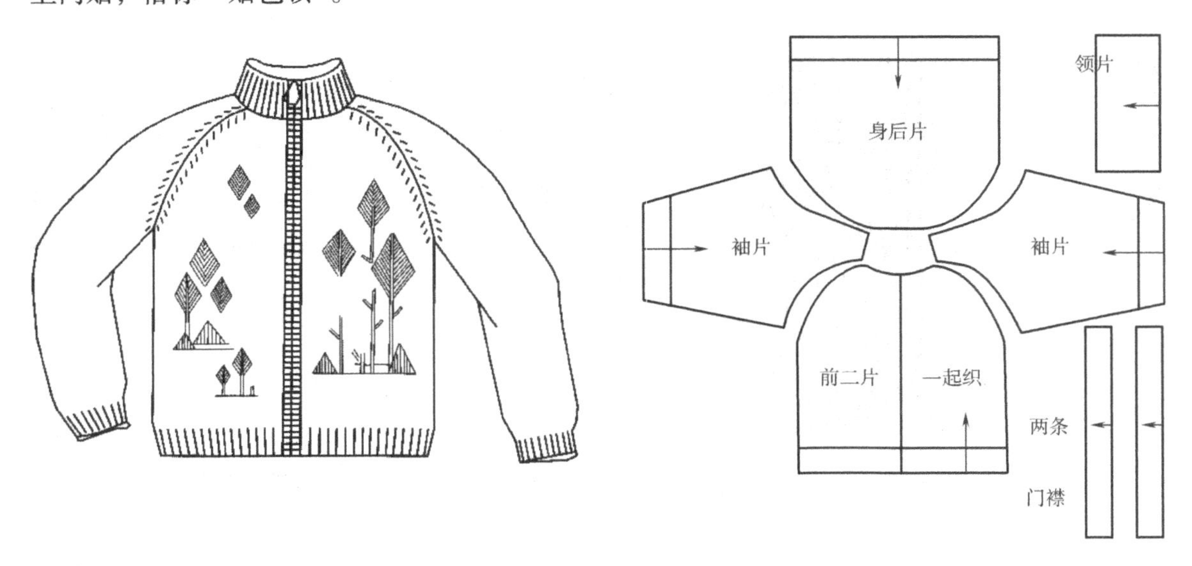

图6－14　牛角夹圆领拉链长袖衫款式图和织片图

三、连袖连身型平面图与织片图画法

1. 连袖型 连袖型是身、袖一体。其生产工艺是从袖的一端编织到另一端，另编织身片与通袖缝合的造型结构，如图 6－15 所示的织片图。由此，连袖型的罗纹组织呈现上横线条。与下身竖罗纹组织构成特殊的美感效果。通过连袖编织，打破以往袖由下向上的竖线，改变编织方向是一个创意思路。此款织片仅四片，减少起口时间，如此设计提高生产效率。

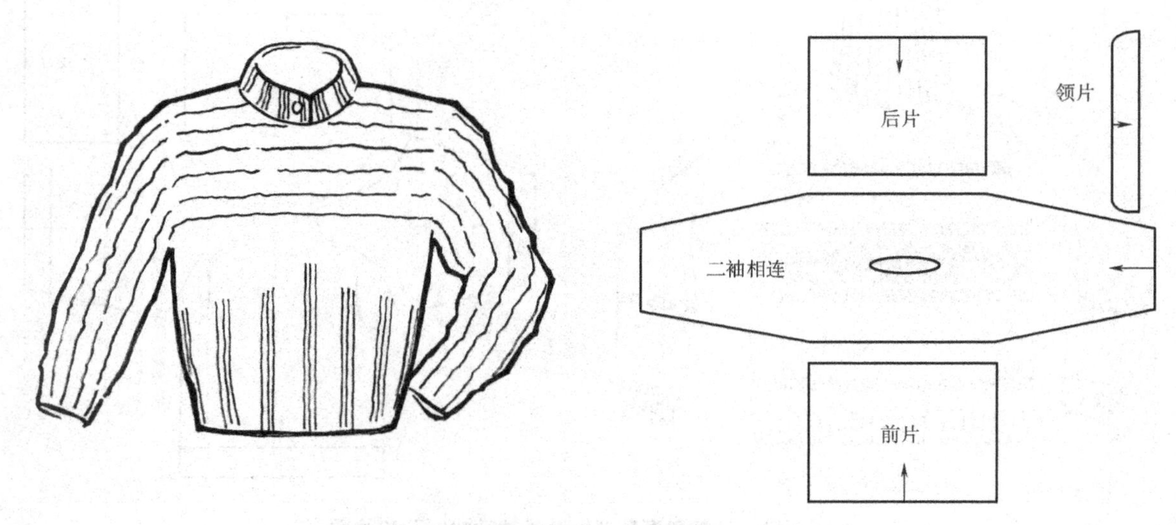

图 6－15 连袖立领套头衫款式图和织片图

2. 连身连袖型 连身连袖型是前、后身分别与两袖相连一体的造型，如图 6－16 所示的织片图。全件羊毛衫由右至左编织，通常选择大型电脑机生产这类款。由于编织方向的改变，横条间色在织片缝合后变成了竖条，仅编织一片，是所有款式中最少的织片，缝合工艺也最简单。其后钩花边，款式设计增加细腻的女性感。

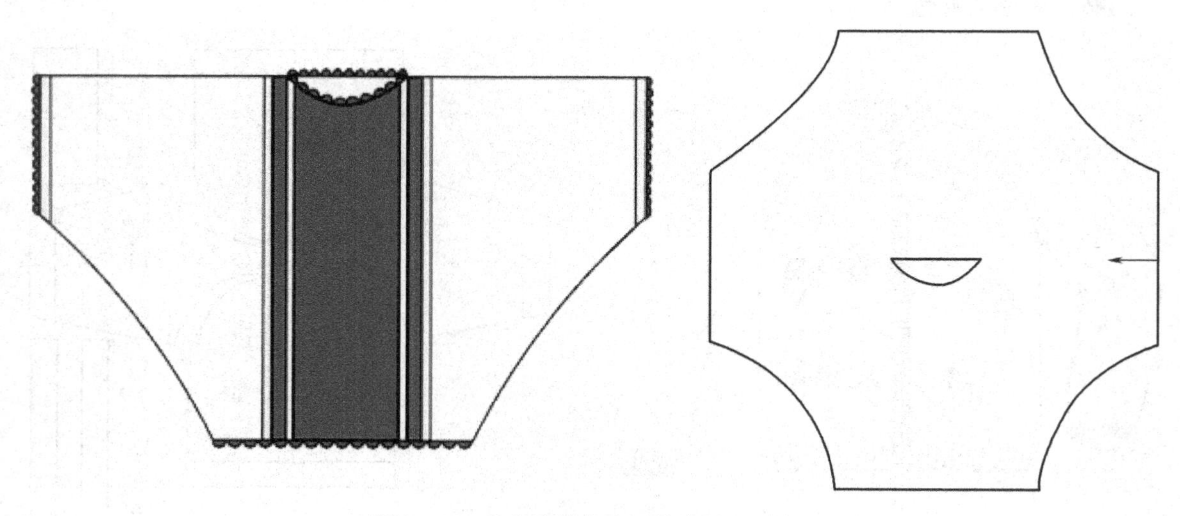

图 6－16 连身连袖套头衫款式图和织片图

如图 6－17 所示是半开胸连身连袖造型，肩部位置单独编织两条绞花，大身的斜方向采用移圈工艺，即起到装饰作用，更加突出展示了现代电脑横机生产工艺的优势。衣片共八片，工艺复杂，但有独特的艺术效果。

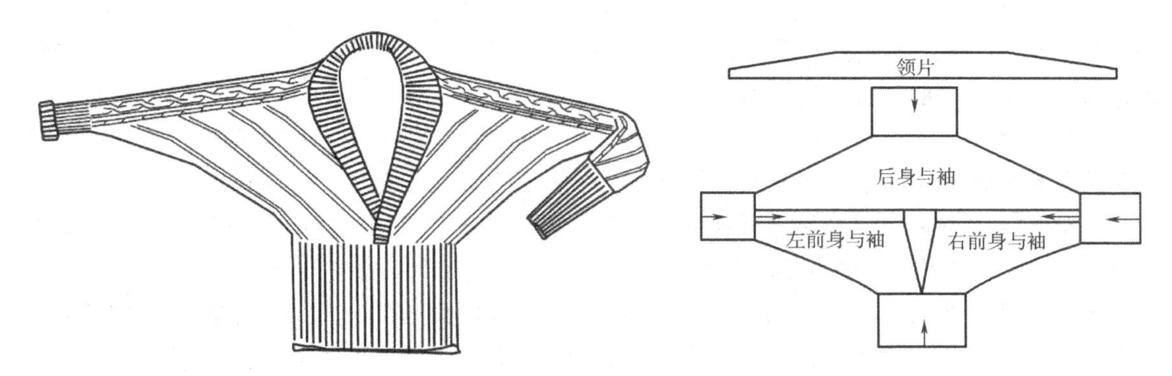

图 6-17 女翻领连身连袖衫款式图和织片图

第二节 羊毛衫造型分类与设计

羊毛衫造型既有机织服装同样的设计规律可循，有 X、T、H、O、A 型等外型要素，更有羊毛衫自身造型设计的原则与手法。这是羊毛衫设计独有的生产工艺优势与编织技巧，下面分别讲述。

一、羊毛衫款式整身造型设计

羊毛衫款式造型设计如图 6-18 所示。

图 6-18 羊毛衫主要造型特征

1. X型主要特点 裙摆一定用圆筒起口，快速收针并在腰部采用2×1罗纹收腰，形成整体的X造型，尤其下摆反针衬托正针，正针竖线排列并以折线变化，突显针织工艺之长。

2. T型主要特点 此款式设计的胸上横条与下身竖条分两次编织。胸上横条延长了两肩点尺度，构成上宽下窄的造型特点，而且回避夹收针计算，编织工艺也简单许多。从艺术角度上评说，具有果敢利落的现代感。

3. H型主要特点 腰部不收针展示直筒型，宽松舒适，适合中老年装款式。此款设计了横条交替构成两竖条配于胸两侧，这种设计既编织工艺简单又加强了H型特点。

4. O型主要特点 此款身片只有通过蓬松的双面集圈（双元宝）组织与脚、领口罗纹的收缩性实现这个造型。当然肘部和羊毛衫身片腰部需适度加针，使之更具有膨大的造型。

5. A型主要特点 肩部尺寸缩短，胸围较紧，前片分两片编织，便于两侧减针达到逐渐收针至肩的造型。中心图案部分采用提花另织，摆部镶毛皮，更体现出优雅女性化气质与时尚感。

二、圆领套头衫、半开胸、开衫设计及工艺分析

羊毛衫领造型分六大类，所有领都要在身片上挖成各式凹型，添上不同形状领片，形成各种款式风格，其中又有许多变化。

（一）圆领套头衫款式设计

圆领套头衫在羊毛衫生产工艺中较简单，是应用设计最广的领型。下面从生产工艺角度分析美感设计是如何获得的。

图6-19所示为1×1罗纹片包领口，领口大小适中，衫脚和袖口用圆筒起口配合身位的H造型，单一的奶黄色上有手缝花，此设计显得细腻、高档，适合中年女性穿着。

图6-20所示为卷边领口，利用了织物的特性，是近些年流行的设计。大身及袖中心钩

图6-19 手缝花装饰圆领衫

图6-20 卷边与立体球点缀手法

立体的枣子针作为点缀装饰，使得羊毛衫立体层次感更强。因此，毛衫装饰技巧是设计应掌握的基本功，查找附录中的钩针法学习。

图 6－21 所示为宽大的领口，采用纬平针仅包了 0.8cm 的边，工艺设计细腻精致，整体以两条白色斜向造型，大气中展示现代构成感，裙腰部外翻白色 1×1 罗纹工艺，增加收缩与弹性，实用与艺术完美结合，尽显合情合理的设计理念。

图 6－22 所示的领口是立起的，领口下部将 1×1 罗纹反针抽空不工作，呈现镂空，织物同时扩宽，兼有透气效应，接着编织突起的反针，之后以 1×1 罗纹收领口，具有创新的复合组织总共高度才 4cm，设计在袖口、衫脚并反复应用，全身以 1 针与 1 针相绞，仅 2 转为一个单元的绞花，尽显别致细腻的韵味。

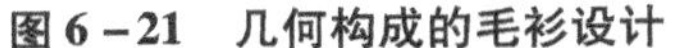

图 6－21　几何构成的毛衫设计

图 6－22　插肩配细腻的绞花

如图 6－23 所示的领口低而大，领片用 1×1 罗纹，衫脚设计 2×1 罗纹工艺，大身纬平针上的口袋是蜂窝针，多种针法形成映衬，一颗醒目的黑扣又与内衣黑色起到了呼应的艺术效果，整体造型圆润、饱满。

如图 6－24 所示属于高圆领，也称樽领。根据不同人颈长高度设计为 21 ~ 27cm。露肩、露脐和背带裙搭配可谓个性十足，还带有几分神秘感。

图 6-23　低圆领配蜂窝针口袋

图 6-24　高圆领露肩露脐造型

（二）圆领半开胸款式设计

半开胸领羊毛衫生产工艺主要采用在大身胸前开口，左右分别编织工艺，稍显复杂，但开、合方便，增强了实用性，同时给穿着者带来青春活力的艺术气质。下面从生产工艺角度分析与设计的关系。

如图 6-25 所示为拉链半开胸款毛衫，在身的上部中心分两侧编织，此款先上罗纹领，后缝罗纹贴，而且将橙色拉链外露，与身、袖细细的橙色线条呼应，肩上橙色回纹又把精致、古典述说得淋漓尽致。主色是紫色，辅助色为橄榄绿色和米黄色，两色均为中性色，与主色达到了既对立又协调的作用，橙色用量少，与主色紫色刚好是互补色关系，所以称为点缀色。色彩面积比例上，主色紫色占60%、辅助色米黄色占20%、辅助色橄榄绿色占17%、点缀色橙色占3%，主、辅、点缀色比例适量，因此是一款值得推崇的羊毛衫设计作品。

如图 6-26 所示毛衫为系扣半开胸款毛衫，由于是采用较粗质毛线，开领的贴条又宽，采用 2×1 罗纹圆筒包缝工艺，半开半封闭系扣式的领贴设计，又搭配布格子衬领，从肌理上也获得一些碰撞因素，整体传递着质朴元素与风格。

如图 6-27 所示毛衫为圆胸褶边半开胸款毛衫。此款设计特色跨越两肩端点，胸前大大的弧线造型突出女性胸部的丰满，弧线又是张扬女性的最佳设计手法，半开胸领上做柳条花边装饰工艺，构成荷叶式卷曲状，女性特征得到充分体现。“柳条花边”制作参见第七章的羊毛衫装饰工艺制作。

如图 6-28 所示毛衫为波浪边半开胸款毛衫，该款设计区别于其他款式的关键是选择半开胸领，翻领小小的曲线边、小朵花刺绣，更添女人味，营造出柔情与恬静感。

图 6－25　拉链半开胸款毛衫

图 6－26　系扣半开胸款毛衫

图 6－27　圆胸褶边半开胸款毛衫

图 6－28　波浪边半开胸款毛衫

如图 6－29 所示毛衫采用罗纹拉链半开胸，此款依靠翻领和大身上桃红色提花的设计，使稳重的灰增添了艳丽感，而且图案形态是玫瑰花，其位置安排又以均衡形式呈现，营造出一大一小面积的节奏感，通过上述设计手法使穿着者平添灵动之美。而且，领型开关方便，属于实用的运动型羊毛衫设计。

如图6－30所示毛衫为低圆领蝙蝠袖半开胸，大大的开领和蝙蝠袖笼，宽大裙摆工艺与造型设计，给穿着者营造一份舒适感，置身于放松状态，这是设计的根本目的，也是迎合了消费者生活中一些休闲场合的需求。

图6－29 罗纹拉链半开胸款毛衫

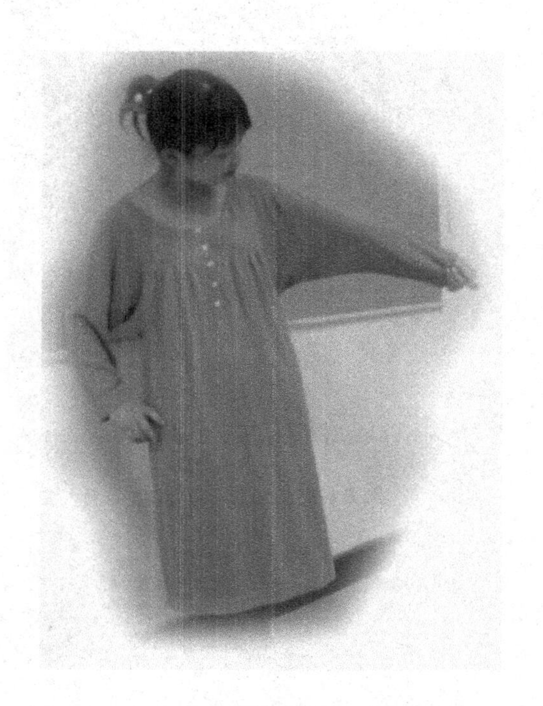

图6－30 低圆领蝙蝠袖半开胸款毛衫

（三）圆领开衫款式设计

如图6－31所示毛衫为罗纹贴包领开衫，领工艺中先上领片，后缝门襟的叫“贴包领”。身位挑花出现的镂空眼，打破纬平针织物的单调。织物有镂空效果，柔软且面幅同时扩宽。腰部采用密集的绞花具有收缩感，通过织物间特性的对比达到了造型设计目的。这款是羊毛衫设计充分利用织物组织特性的优秀范例。

如图6－32所示为纬平针贴包领开衫，纬平针多用于拉链开衫，一直拉到领片顶，属于保暖的实用造型设计，同时呈现青春年华的艺术效果。

如图6－33所示为罗纹衬衫领嵌花开衫，先编织罗纹扣门襟，后上罗纹领片，领片编织罗纹后织圆筒，领片两边对准罗纹门襟中心，如衬衫领一样的生产工艺。另外，大身主要以嵌花生产工艺编织，盛开的黄菊花在灰绿色衬托下色彩协调而耀眼，叶子与领的面积、袖口、脚上的两条绿线及小提花细碎绿点串联成春意盎然的意境。此款是作者设计并亲自用国产机编织。现代电脑机器功能强大，嵌花生产已不必费时费力，羊毛衫设计思维得以开阔。

如图6－34所示为纬平针包贴小提花长袖衫。这款毛衫的门襟是纬平针包边，尤其细纱线会达到非常精致的效果。仅领口位置和腰部有扣，设计追求性感，但不乏高贵、沉静，深色中耀眼的红色，是大胆且理性的设计，值得推崇。

图 6-31　罗纹贴包领开衫

图 6-32　纬平针贴包领开衫

图 6-33　罗纹衬衫领嵌花开衫

图 6-34　纬平针包贴小提花长袖衫

三、V 领套头衫和开衫款式设计

（一）V 领套头衫款式设计

如图 6-35 所示为双层 V 领长袖衫，双层 V 领，领尖缝合后较厚，工艺设计不宜选用粗线。采用单一浅绿色，显得简单而平静。

如图 6－36 所示为单层 V 领提花格子长袖衫，此款是单层 V 领工艺，相对双层薄。由于大身方格图案中色彩黑、白、灰明度控制鲜明，使得 V 领、袖型和衫脚及帽子突显出来，左袖与胸前点缀标志图形，使格子的稳重感中又多了几分活力。

图 6－35　双层 V 领长袖衫

图 6－36　单层 V 领提花格子长袖衫

如图 6－37 所示为交叠 V 领，属 V 领中的常见款式，回避了手工挑缝工艺。领采用黑色并不显得孤单，宽宽的交叠中编织一条橙色线条与大身的橙色面积呼应，两颗扣子宛如游鱼一般，堪称点睛之笔。

如图 6－38 所示为大 V 领设计，大 V 领是很大气的造型。淡淡的银灰色给穿着者平添优雅气质，又在大身上编织大大的菱形搬花，手工缝上小毛球，细节体现设计功力。

（二）V 领开衫款式设计

如图 6－39 所示为多彩 V 领开衫，利用编织门襟贴条的同时以换色方式带来新颖感，可贵之处在于色彩又不对称，长短比例还有三个层次。这种贴条一般采用四平组织或三平组织，硬挺而有型。

如图 6－40 所示为罗纹 V 领开衫，款式无特别之处，主色为橙色，辅助褐色以手工钩花出现在口袋、腰带、帽子横条上，包括头发色，裙子色调也不离主色、辅助色的控制，在主旋律色系中，就连帽子上的米黄与面部同色，此款色彩设计理性极强，有序，构成和谐、时尚的乐章。

如图 6－41 所示为波纹组织门襟开衫。此款特色在于门襟采用波纹组织，反复折曲，织物紧密。门襟两条白色细线条使得深蓝和大红色组合得更加明快，无不给少女平添姿色。

如图 6－42 所示为罗纹丝瓜领开衫。此款翻领属于古典造型，领片工艺设计不是平行的条状，而是在领片中间编织向上凸起的山坡状曲面，如此领才得以翻出较宽的效果。白底红雪花图案是典型的英格兰传统羊毛衫风格。

图 6－37 交叠 V 领

图 6－38 大 V 领设计

图 6－39 多彩 V 领开衫

图 6－40 罗纹 V 领开衫

图 6－41　波纹组织门襟开衫

图 6－42　罗纹丝瓜领开衫

如图 6－43 所示的毛衫为原身出翻领，此款翻领是指大身编织组织延伸到门襟位置，俗称“原身出”。其特点是省工省时，但大身组织设计必须是双面才可以应用“原身出”工艺，以避免领翻折后织物视觉效果如反面一般而不好看。

如图 6－44 所示的毛衫为内贴条门襟 V 领，硬挺的四平贴条在 V 领里面，露在外观门襟呈现细细的线条，显得很精致。大身的钩花使得这款羊毛衫具有了独特的手工意韵。

图 6－43　原身出翻领毛衫

图 6－44　内贴条门襟 V 领毛衫

四、方领套头衫款式设计

如图 6－45 所示的毛衫采用三片罗纹方领。方领的领口是先上肩两侧小片，再缝前胸片。由于领口三个织片都是独立编织，比较费时，但造型具有特色。

如图 6－46 所示的毛衫采用两片连身方领。此方领与上一套所不同的是编织前身之后，直接编织罗纹领边，用红色间隔两次，粗细不一，白色收口，省去了另外起口织边的麻烦。如此只要单独编织肩的左右两片即可，三片一致间色获得了统一的美感，并在衫脚、袖口反复应用红、白罗纹间色。在胸前用纯红色蝴蝶结使视觉点更加突出，间色便成为第二层次的审美视线，视觉导向理论认识极度清晰的优秀案例设计作品。

图 6－45 三片罗纹方领

图 6－46　两片连身方领

如图 6－47 所示的毛衫采用一片连身方领。这款领的设计很巧妙，由于织物选择了具有伸缩与弹性的组织，肩部与翻领设计为一片相连，大身是直接编织到领口。将时间用在了胸前的缝花工艺上，而且色彩选择大身的同色系、明度较深的紫色，这是最佳的色彩搭配原则。缝花图形蜿蜒曲折，一派唐草风格。

如图 6－48 所示的毛衫采用方圆领。为了回避领片多，只要领口开的造型方中略圆，领片如圆领一样只需一片。只是在领片编织起口时一定设计“结上梳”工艺，之后通过多抽字码卡，避免领片荷叶边的弊端即可。

图6-47　一片连身方领毛衫

图6-48　方圆领毛衫

五、T恤领型设计与工艺分析

如图6-49所示毛衫采用大小边T恤领。T恤领在胸前偏向一边开，称为“大小边”T恤领。里贴露在外观上呈现为细细的竖线，还吸收衬衫领座造型，领下稳重的灰杂色与成熟的黑色搭配，细细的枣红线条穿插在胸与领上，使得稳重的色调中又增添几分活跃与高档的品质。

如图6-50所示毛衫采用上下贴T恤领，这款T恤领设计是上、下另缝贴，巧妙的是贴边采用色浅和色深两色竖条，与身片的宽横条形成对立，领以中间灰调又嵌黑边出现，与身片下部的黑、灰呼应，可谓节奏的反复，美感自然产生，堪称好设计。

图6-49　大小边T恤领毛衫

图6-50　上下贴T恤领毛衫

第三节　羊毛衫设计程序

设计思维程序是指设计师按照羊毛衫特有的思考顺序来设计每一环节，包括制图以及工艺计算等。掌握这种固定的思维并自觉提升控制能力，迅速步入设计状态。任何设计都有不同的思维程序与模式，这一节的主要任务讲解羊毛衫设计每一步应该做的事与设计思维同步，指导如何做好每一步骤。

一、羊毛衫立体效果图方案与作用

羊毛衫设计的第一步是以人物立体图表现，通常以色彩效果图表现，即描绘人着衣状态后的模样，以备设计者自己检验是否达到设计灵感初衷的想法，同时便于他人观察方案的可行性。对于有经验的设计师，只要通过黑白的立体人物造型便可控制预想追求的艺术效果，而色彩由纱线样片便可把握。这里的立体图是以黑白简画法表现，同样能完成设计的第一步目的。

如图 6－51 所示为圆领泡袖提花毛衫。女性短款羊毛衫、夹为装袖、圆领及“领包贴”式样。2×1 罗纹领、脚、袖口，门襟是横贴。图案由横线中穿插折线、三角形组成。该设计方案从视觉上看到了羊毛衫的造型、款式的特征、织物组织、图案抽象形态、纱线色彩及品质由色样提供，都已在此交代清晰，可以进入下一步。

图 6－51　圆领泡袖提花毛衫

二、绘制羊毛衫平面图和各部位尺寸的设定

根据上一步款式效果图绘制羊毛衫平面图，并设计各部位具体尺寸，力求所设计的尺寸待编织成品后，能达到如效果图所画的那种穿着效果。要学好羊毛衫平面测量，需要经常观察她人着衣后是否合体，或有一定松度。了解各种织物组织编织后带来的影响，以提高对尺寸的基本概念。

平面图绘制必须画出羊毛衫平整摆放展开后的式样与尺度，不能夸张和有多余的线条。领型、夹型包括收花表现，装袖还是插袖，门襟种类及工艺特点，纽扣的位置、尺寸。纱线品质需用文字描述，参见第四、第五章通知单中的写法。这里尺寸是以“cm”为单位标注的，采用英寸也行，只要一件衣服统一单位就可以，如图 6－52 所示为标有尺寸的平面图。

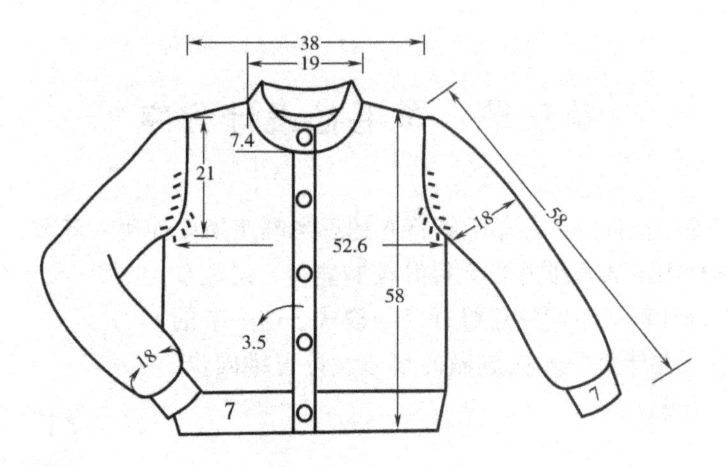

图 6-52 标有尺寸的平面图

三、织片形状与标注尺寸的基本原则

织片尺寸是依据平面图尺寸设定的，要准确把握平面形状的横平竖直，长短与转折点基本准确。如夹收针占夹总长的1/3还是1/2，包括袖夹下有一段竖直位置要保证2.5cm，为下一步工艺计算奠定准确依据。又如女装有收腰，需要逐一标注尺寸。这款没有收腰，但袖子是泡袖，直下至袖口，抽褶与罗纹口缝合。如图6-53所示为标有尺寸的织片图。

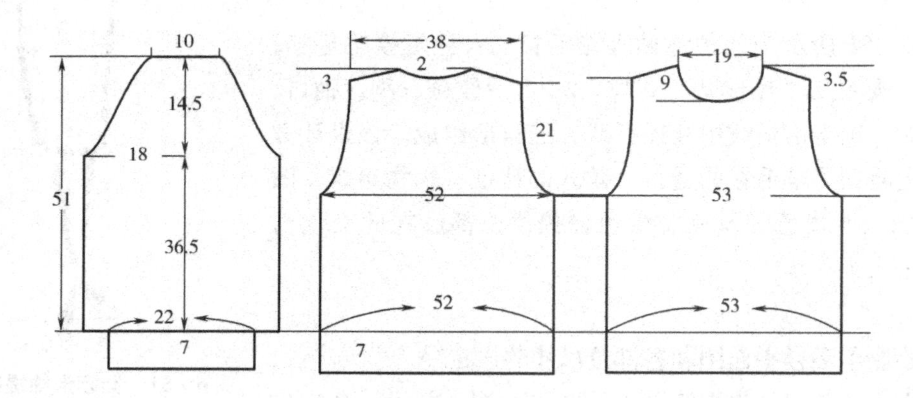

图 6-53 标有尺寸的织片图

织片形状的把握技术性强，如果尺度有误差，编织后才发现，修改也是正常的。尤其对于新款式，有经验的工艺师的工艺计算打二版也实属正常情况，织片这一步的尺寸制定是以实际缝合的边线为准，缝耗另加，因粗细线和机型都有别。一般1.5~3.5*G*机型为半针缝耗，5~7*G*为1针缝耗，9*G*以上为2针缝耗。工艺计算公式中也要根据此工艺要求调整。

四、样片制作与测量

样片制作是这一步的目的，参见第三章第一节，这里不再重复讲解。但这一款横密是3.75针纵密是2.75转，有了样片具体密度，可以进行下一步。

五、填写通知单与工艺单

通常样片测量好后就可以进行工艺计算。但此款有提花，需要把意匠图设计好后再进行工艺计算。工艺单中一定要标注提花起始与终结的转数，再填写工艺单。其余写法参见第一章第四节的解读与填写毛衫工艺单。此款最终如表6－1女圆领弯夹肩缝提花长袖生产通知单和表6－2女圆领弯夹肩缝提花长袖生产工艺单所示。

六、织物花样意匠图表现

有提花的毛衫，意匠图表现也属于设计的范畴，具体设计程序如下。

1. 确定单元数据　此款提花是10针、26行。需注意单元图案成衣后，如果图案看起来有点细碎，与设计初衷背离，将单元针数与行数放大。反之，必须将单元针数和行数缩小。

2. 具体设计与描绘图形　首先在意匠图上标注5的倍数，便于设计时观察图形在单元中的位置及大小。一定要用铅笔画图形，可随时改变思路与调整形状，做到形状有别，大小对立，线、面结合。上、下形态要错位设计，如图6－54所示为意匠图。

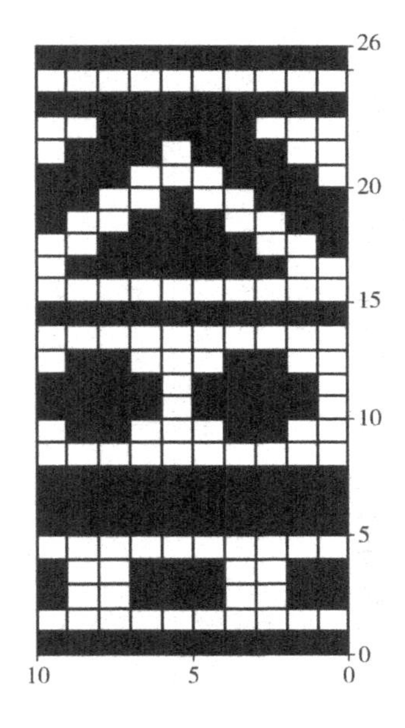

图6－54　意匠图

3. 图案色彩设计与搭配要领

（1）羊毛衫图案主色调明确，枣红色占面积最多，如图6－54意匠图中的深色部分。

（2）辅助色仅次于主色面积，米黄色辅助色面积位居第二，与主色建立一个暖色系色调设计，适宜女性穿着。

（3）第三色选与暖色系对抗的冷色，灰蓝色即符合这一搭配原则，也合乎配色的基础理论。另外，灰蓝用量最少，称为点缀色，即少而精，所谓画龙点睛。

（4）任何色系的组合需注意黑、白、灰明度关系，缺一不可，相互映衬，相得益彰，这是图案色彩搭配的基本原则。只要坚守这一规律，色彩过于明亮则添一点深色，艳丽有余纳入含灰调，稳重中增活力就添加纯色。冷色中搭暖，暖色中配冷。总之，对立统一是配色的总则。

七、设计思维程序的总体控制

设计思维程序的总体控制是必要的。每做一步都要力求达到前一步的设计要求，只有如此才能完成设计预想方案，或者说，这仅是设计阶段的目标。当按照生产工艺单编织出来的羊毛衫出现了问题，没能实现第一步立体图人物效果图那样的艺术效果，可能是平面图尺度需调整，也许是工艺单计算细节等出现问题。企业也有初板和大货单之分，初板是指第一次计算的工艺单，大货单是经过修改的正式生产工艺单，不论是哪里出了问题，都需认真检查每一步，当交出确定的生产工艺单，设计思维程序七大步才算完成，才可进入生产加工阶段。

表 6-1　女圆领弯夹肩缝提花长袖生产通知单衫

××针织厂有限公司——样板生产通知单(初)

单号:ORDER　NO. ________
款号:STYLE　NO. ________
发单日期:DATE.　　年　月　日

部位 POSITION ＼ 尺码 SIZE	S	M	L
1. 衫长(领边至衫脚)Body length – HSP to bottom edge		58	
2. 胸宽(夹下 1 寸度) Chest Width – 1″Below armhole		52.5	
3. 肩宽(缝至缝)Shoulder Width – Seam to Seam		36.5	
4. 肩斜(领边至肩缝) Shoulder slope – HSP to Seam		3.5	
5. 腰长(领边至腰细处)Waist length – from HSP to the most Thin waist			
6. 脚宽(衫脚顶度)Bottom Width – edge to edge		52.5	
7. 脚高(衫脚罗纹高)Bottom rib height		7	
8. 夹深(缝至缝垂直度)Armhole Width – Vertical/seam to seam		22	
9. 装袖长(肩缝至袖边)Sleeve length – From shoulder point to seam		58	
10. 袖宽(袖夹下 1 寸度)Sleeve Width – 1″Below armhole		18	
11. 袖中线(袖口上 6 寸度)Forearm Width – 6″up BVD of Cuff			
12. 袖口宽(罗纹顶度)Sleeve Cuff Width – at the top of the rib		10.5	
13. 袖口高(袖罗纹高) Sleeve Cuff height		7	
14. 前领深(领边至骨) Front neck drop – HPS to seam		7.4	
15. 后领宽(骨至骨)Back neck width – edge to edge		19	
16. 后领深(领边至骨)Back neck drop – HPS to Seam		2	
17. 领贴高(侧边度)Neck Trim height – From side		3.5	

日期(delivery)　　年　月　日

款式名称(Description)女圆领弯夹肩缝提花长袖衫	厂名(Factory)
毛纱品质(Quality)　32/2 公支　100%棉	客名(Client)
成品重量(weight)　　磅(lbs)/打(Doz)	客号(Client no.)
交货日期(ship date)　　年　月　日	针型(Gauge)7G 缝盘(Sewing)10G
交毛日期(Yarn delivery date)　　年　月　日	数量(Quantity)1 件 批板(sample)

款样(Style)

色号(Color NO.)
A　枣红、浅米黄色 1 件
B
C
D
配料(Accessories)
备注(Remarks)

工艺说明(Remarks)

1. 大身前片、后片、袖单边。领、衫脚、袖口 2×1 罗纹。
2. 单层领贴 2×1 罗纹,直接上盘与身缝。
3. 夹收 3 针花,面留 2 针。
4. 前后幅衫脚侧缝要做一样高。
5. 所有缝线不可过紧。

制单人:PREPARED BY	主管:DIRECTOR	复核:APPROVED BY

表 6-2 女圆领弯夹肩缝提花长袖衫生产工艺单

××针织厂有限公司——样板生产工艺单

单号:ORDER NO ______

款号:STYLE NO. ______

发单日期:DATE. 年 月 日

款名:女圆领弯夹肩缝提花长袖	针型:7 *G*	缝盘:10 *G*	尺码:M	制单人:
客名:	客号(Client no.):		备注:	

32/2 公支,毛 2 条,单边,身、底、面 10 针横拉,2-6/8 英寸,100% 棉

32/2 公支,毛 2 条,2×1 罗纹,脚、底、面 15 针横拉,3-3/8 英寸,100% 棉

密度	大身 3.75×2.75×0.24			
	脚、领罗纹,$1cm^2$ 织 3 转			
落机重量(磅)		全长拉(英寸)	收夹 3 支边	
前片	161.1	38-5/8	收领	支边
后片	161.1		收膊	支边
袖	182.5	8-1/2	收腰	支边
领	30.9		生产数量	
贴	52.2		XS	打
袋			S	打
带			M	打
每件衫重:587.8 磅			L	打
每打衫重: 磅			XL	打

工艺与操作说明:

1. 大身前片、后片、袖片单边提花。
2. 领、脚、袖口 2×1 罗纹。
3. 缝耗 2 针,面留 2 针花。
4. 前片、后片的衫脚罗纹做一样长。
5. 所有缝线不可过紧。

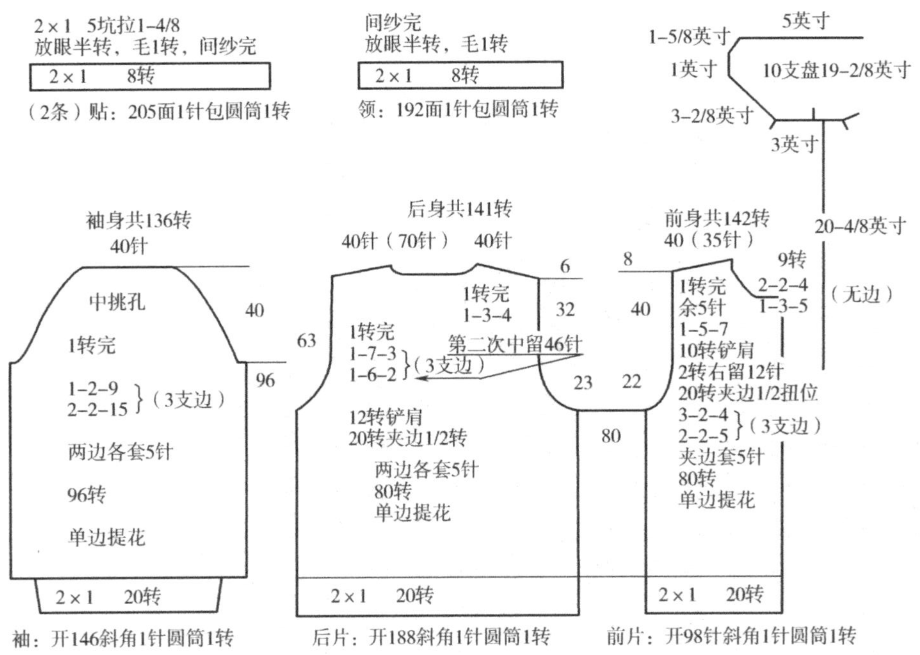

2×1 5坑拉1-4/8
放眼半转,毛1转,间纱完
2×1 8转
(2条)贴:205面1针包圆筒1转

间纱完
放眼半转,毛1转
2×1 8转
领:192面1针包圆筒1转

5英寸
1-5/8英寸
1英寸
10支盘19-2/8英寸
3-2/8英寸
3英寸
20-4/8英寸
(无边)

袖身共136转
40针
中挑孔
40
1转完
96
1-2-9
2-2-15 }(3支边)
两边各套5针
96转
单边提花
2×1 20转
袖:开146斜角1针圆筒1转

后身共141转
40针(70针) 40针
6
1转完
1-3-4
32
63
1转完
1-7-3
1-6-2 }(3支边)
第二次中留46针
23
12转铲肩
20转夹边1/2转
两边各套5针
80转
单边提花
2×1 20转
后片:开188斜角1针圆筒1转

前身共142转
40(35针)
8
9转
2-2-4
1-3-5
40
1转完
余5针
1-5-7
10转铲肩
2转右留12针
20转夹边1/2扭位
22
3-2-4
2-2-5 }(3支边)
夹边套5针
80
80转
单边提花
2×1 20转
前片:开98针斜角1针圆筒1转

思考与实践题

1. 绘制款式平面图的作用是什么?
2. 默画直夹平肩套头衫款式平面图与织片图。
3. 默画入夹平肩套头衫款式平面图与织片图。
4. 默画入夹斜肩套头衫款式平面图与织片图。
5. 默画弯夹斜肩 T 恤领大小边门襟款式平面图与织片图。
6. 默画弯夹斜肩 T 恤明贴平领款式平面图与织片图。
7. 默画弯夹斜肩女装收腰拉链开衫款式平面图与织片图。
8. 默画斜插肩袖型款式平面图与织片图。
9. 默画马鞍肩袖型款式平面图与织片图。
10. 默画牛角夹套头款式平面图与织片图。
11. 默画连袖套头款式平面图与织片图。
12. 默画连袖连身开衫扣门襟款式平面图与织片图。
13. 默画弯夹斜肩女装收腰套头款式平面图与织片图。
14. 全面理解设计思维程序中的七大步骤及作用。
15. 尝试设计思维程序的全过程。
16. 通过实践再谈设计思维程序的重要性。

第七章　羊毛衫装饰工艺与应用设计

本章知识点

1. 掌握羊毛衫各种装饰工艺的制作过程。
2. 培养羊毛衫装饰设计的应用能力。

装饰工艺是羊毛衫时装化设计的常用方法，巧妙利用各种装饰工艺，给羊毛衫增添意想不到的艺术效果。许多羊毛衫创意设计主要依靠装饰工艺作为设计元素。因此，装饰工艺是羊毛衫生产与设计的重要组成部分。下面分别介绍装饰工艺制作方法与应用设计。

第一节　毛球、流苏、补花工艺设计

一、毛球的制作与应用设计

（一）毛球制作的步骤

毛球的制作步骤如图 7－1 所示。

1. 绕圈　首先选择一块预定制作毛球直径尺寸加 1cm 长度的塑料板或胶合板之类的硬质直尺。将毛纱依次绕在板上，每个毛球要缠绕同样多的圈数，确保毛球大小相同。

2. 系结　待绕够一定圈数后，将纱线圈取下，在中间系紧扣。

3. 修剪　剪开两端，摔打几下使其纱线均匀地散开成放射状，用剪子修剪成球体。若毛球稀松，在塑料板上多绕几圈，就会呈现丰满的毛绒绒的效果。

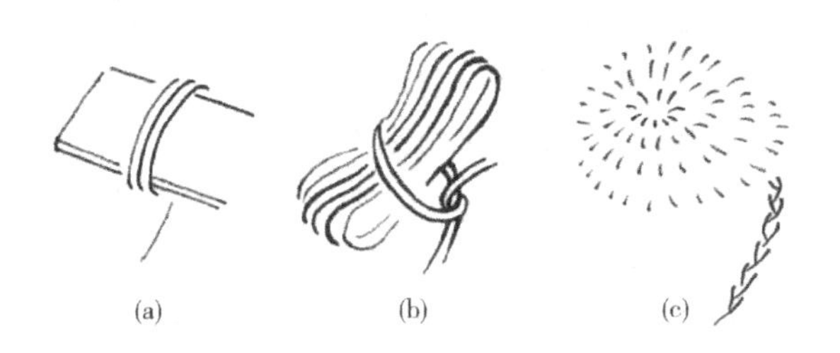

图 7－1　毛球的制作步骤

（二）毛球的应用设计

毛球常应用在帽子头顶或带尾，如图 7－2 所示。也有作为羊毛衫门襟或胸前的主要装饰手法，如图 7－3 所示。更大胆的是将毛球设计为两三种颜色，缝在背包上（图 7－4）。总之，毛球不仅实用，而且有装饰效果。

图7-2 毛球应用在带尾

图7-3 毛球应用在门襟

图7-4 毛球用于装饰背包

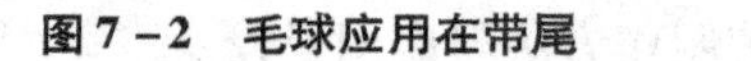

二、流苏的制作与应用设计

（一）流苏制作的步骤

1. 剪线与排位 流苏长度一般在12～20cm之间，对折后在所装饰位置正面排列均匀并插入，如图7-5（a）所示为流苏的制作步骤。

2. 钩出拉紧 钩针从反面折线中心位置将两边线尾一起从折线中心圈内钩出，拉紧即一个流苏完成，注意每个流苏松紧一致，如图7-5（b）所示为流苏的制作步骤。

（二）流苏的应用设计

如图7-6所示为流苏在衣摆和袖的应用，流苏一般系在羊毛衫底摆、袖口，这款白色流苏提亮了整身羊毛衫的色彩明度，而且与款式里的白色相呼应，使穿着者更显年轻。

如图7-7所示流苏为衣衫的主要装饰，这个设计思路别出心裁，领口、胸前、袖上并用，掺插不齐作为羊毛衫的主要装饰设计手法，与下面的横条对立，少见而新颖。

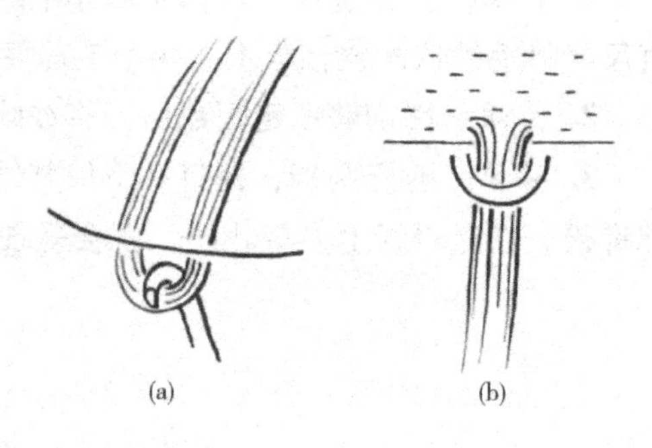

图7-5 流苏的制作步骤

三、补花的制作与应用设计

1. 补花的制作步骤

（1）将缝线打个结，从羊毛衫反面穿到正面图案边缘，先向前再向后绕个圈，缝针于起针处扎下，约0.5cm缝迹穿出，如图7-8（a）所示。

（2）拉紧缝线，完成第一针，如图7-8（b）所示。

图 7－6　流苏应用在衣摆和袖

图 7－7　流苏为主要装饰

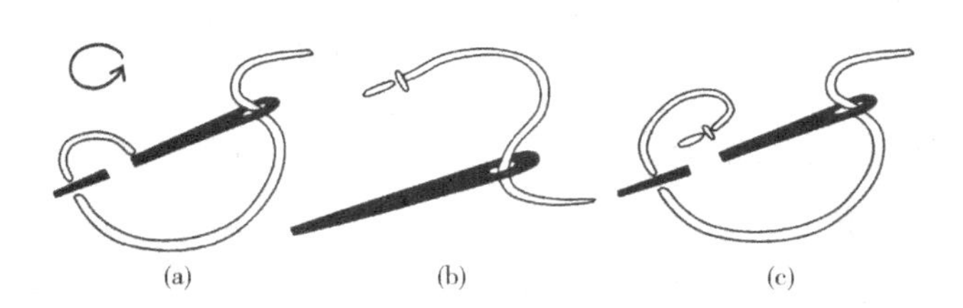

图 7－8　补花的制作步骤

（3）第二针于图案边缘移后一个针距宽扎下穿出，其后重复步骤（c）、（b）。依此类推绕图案一周，缝针于第一针眼处扎到羊毛衫反面打结完成全部补花工艺。

2. 补花的应用设计

（1）补花工艺是以一块布或皮质面料，采用简洁的图案形象，通过手工缝迹工艺贴附在羊毛衫表面，从而达到装饰目的。如图 7－9 所示为补花应用设计，羊毛衫是浅黄暖灰色调，补花橙色与白色增加了纯度与亮度。如此设计，构成了黑、白、灰美感要素，是一件符合色彩搭配规律的优秀补花作品。

（2）补花常设计动物图案应用于童装，如图 7－10 所示为动物图案补花应用设计。动物主要以深、浅蓝色和黄色搭配，仍然是主旋律色系，红色成为对立的耀眼点，白色承载着透气作用。补花的边色为褐色，整体设计效果达到了既醒目又协调的效果。此款补花是用电脑绣花机缝边完成，体现出现代工艺的优势。

图7-9 补花应用设计

图7-10 动物图案补花应用设计

第二节 缝花、钩花的工艺设计

一、缝花的制作工艺与应用设计

(一) 缝花的制作步骤

缝花基本形态由玫瑰花、花叶、圈点、结点、十字、米字、草等图案构成，工具是一枚大孔眼羊毛衫手缝针。下面依次介绍缝花工艺步骤与具体缝制方法。

1. 玫瑰花的制作步骤 玫瑰花（图7-11）是由多个圈条围绕成立体的花型。花心是三个深色圈条，外围由四个浅色圈条组成。外围圈条中心对准花心三角位置，才有玫瑰花层层包裹的结构特点，如图7-11所示为玫瑰花图案整体布局示意图。

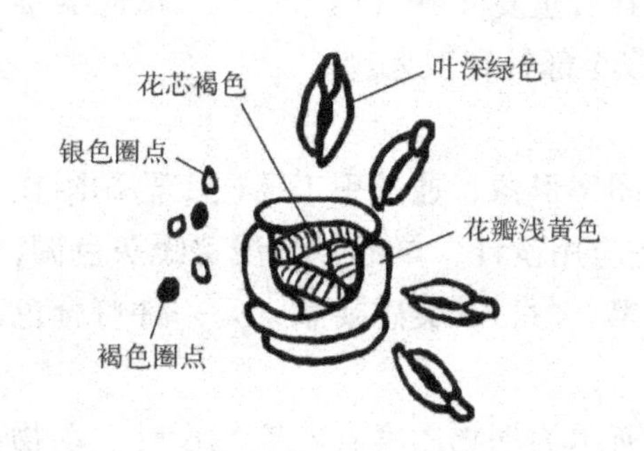

图7-11 玫瑰花图案整体布局示意图

(1) 打结后缝针从羊毛衫反面穿到正面花芯位置，由下向上绕八九圈［图7-12 (a)］。

(2) 压住抽紧圈套，慢慢拉出缝针，于圈条尾部扎下［图7-12 (b)］。

(3) 同时在约0.1cm处扎针［图7-12 (c)］，完成第一个圈条，注意扎下是大点，出针为小点位置。

(4) 右旋后重复步骤 (a) ~ (c)，完成第二个圈条［图7-12 (d)］。

(5) 右旋后重复步骤 (a) ~ (c)，完成第三个圈条［图7-12 (e)］。

（6）玫瑰花外圈圈条起始针眼与结束针眼在内花尖两侧，把握好内花心尖对准外圈条中心（图7－11）。

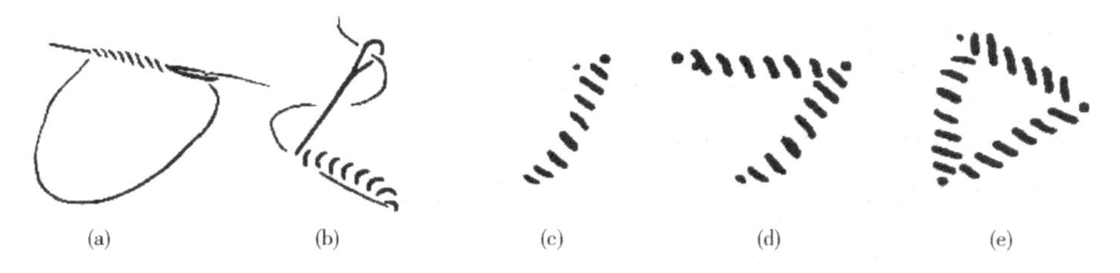

图7－12　玫瑰花圈条制作步骤

2. 菊花与叶的制作步骤（图7－13）

（1）叶同花一样先打一个结扣，从羊毛衫反面穿到正面。

（2）右绕一个椭圆形圈，于起针点斜上方，仅距0.1cm处扎下（a）。

（3）从椭圆形顶点里面穿出，长度根据设计需要而定（b）。

（4）再从椭圆形外正中扎下，打结定型一个叶片做好，如图7－13（c）。

（5）依次右旋重复步骤（1）～（4），即成菊花形，中心缝“结点”，或缝一个珠子效果更佳，如图7－13（d）所示。

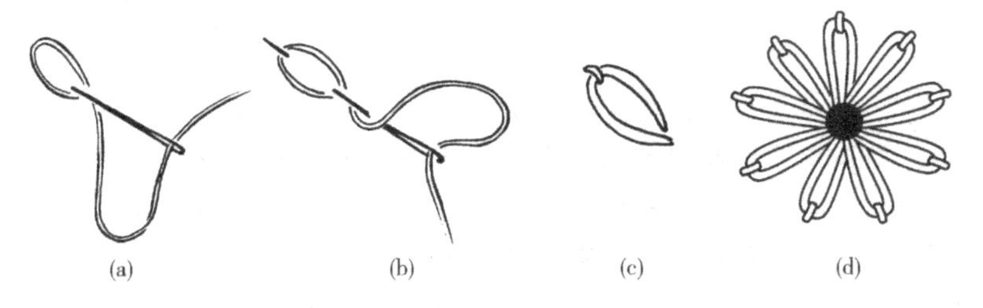

图7－13　叶与菊花的制作步骤

3. 圈点的制作步骤（图7－14）

（1）“圈点”打结从羊毛衫反面穿到正面，在针上绕十几圈。

（2）拉紧轻压使之成为圈状。

（3）顺线尾将针插入圈点的起针旁。在相对180°圈内出针（b）。

（4）在圈外插入缝针，羊毛衫反面打结完成一个圈点（c）。

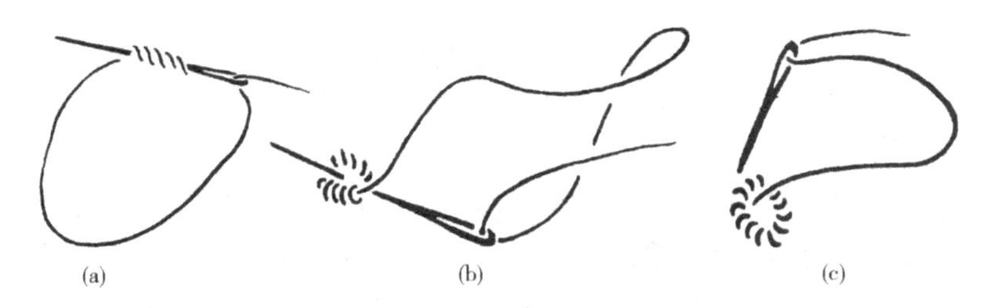

图7－14　圈点的制作步骤

4. 结点的制作步骤（图 7－15）

（1）“结点”先打结，再从羊毛衫反面起针穿正面，针放在线头中心绕两圈。

（2）将针竖起在起针点旁边穿于羊毛衫反面。

（3）在后面系结扣固定，一个“结点”制作完成。

5. 十字、米字的制作步骤（图 7－16）

（1）在羊毛衫反面打个结再穿到正面，右上 45°斜线扎下，于下垂直点出针。

（2）成十字扎下，垂直下于交叉点水平出针，不出针完成的是十字工艺。

（3）水平跨过十字扎下，于米字顶点出针。

（4）垂直下于米字底点扎下，打结完成米字工艺。

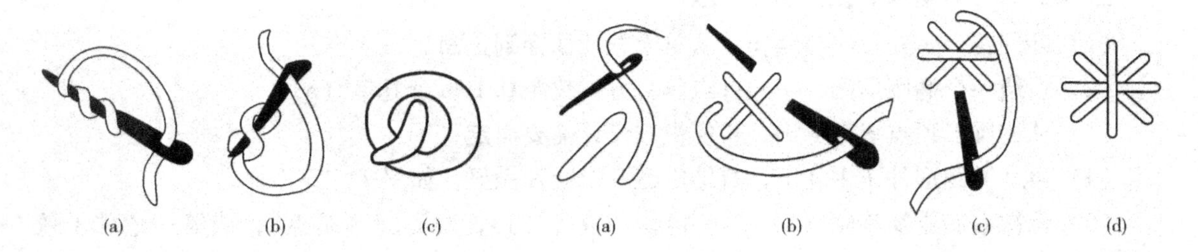

图 7－15　结点的制作步骤　　图 7－16　十字、米字的制作步骤

6. 草的制作步骤（图 7－17）

（1）先打结，再从羊毛衫反面穿到正面，向上缝一条斜线，作为草的尖。

（2）从反面左斜下位置出针，跨过 2 到右 4 扎下，于顶点出针。

（3）斜方出针。左斜方入针又一节草距离入针。

（4）对称右侧处扎下，于第二节斜线顶点出针，完成第二节草。依此类推。

（5）由此重复步骤中如图 7－17（b）所示的 3～4 步，直至缝够设计所需长度。

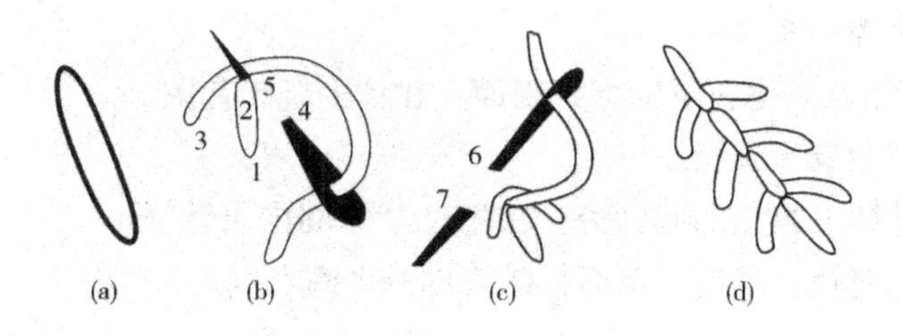

图 7－17　草的制作步骤

（二）缝花的应用设计

通过上述玫瑰花、叶、圈点、结点所形成如图 7－18 所示的图案，进行合理组合与搭配，达到装饰羊毛衫的目的。该设计注意了疏密有序、高低错落的安排，增添女性妩媚与优雅。

如图 7－19 所示，大大的菊花显得奔放而具有青春活力，蓝色“结点”密缝成菊花心，其他草选用浅粉绿色、橘黄色，打破了黑色的沉闷，草、圈点等构成别有风格，使低低的领形更加耀眼。

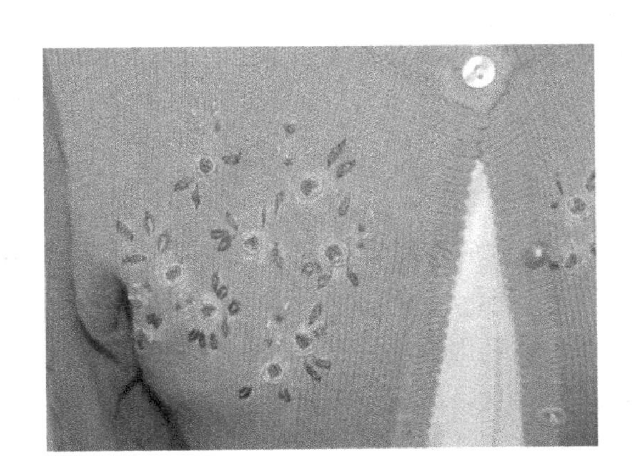

图 7-18 玫瑰花、叶、结点综合应用设计

图 7-19 菊花、结点、草综合应用设计

缝花的应用设计可以根据上述基础工艺的形态重组，设计出风格截然不同的新作品。如“十字”的连续缝制，圈点以扇形组合，或圈条与斜线组合出新的花形等。只要大胆想象，多实践总结经验，必然创造出新颖的羊毛衫缝花工艺。

二、钩花的制作工艺与应用设计

（一）钩花的基础针法

钩花工具由铝、铜、不锈钢、竹或骨等材料制成，长 15cm 左右，针头呈 60°斜坡。钩花有条带花边、方花、圆花、立体自然花四种基本形式。但学习要从“钩针基础与符号”开始，有了基础再学习应用设计。下面参见附录中“毛衫钩针步骤与符号表示法一、二”，逐一讲解。

1. 毛衫钩针步骤与符号表示法一（附录 12 毛衫钩针步骤与符号表示法一）

（1）辫子针。

①先将线绕在左手小拇指上，入中指和食指间后，绕大拇指和中指并捏住。

②右手钩针由下向上 360°钩住食指方向线头后绕，成圈从右手钩针出。

③右手钩针再向下向上钩住食指方向，线头从圈中钩出，一个辫子针完成。

④重复动作③，即四个辫子针链条完成。

（2）短针。

①在链条基础上钩一针辫子，作为链条第二排的边。

②在链条第二针辫子中插入钩住食指方向线头从圈中钩出，再从两个线圈中一起钩出。

③完成一个短针。

④三个短针完成的效果。

(3) 中长针。

①一个链条另钩两针辫子作为中长针的边，上绕钩住食指方向线头后插入链条第三个圈中。

②随即钩出，右手钩针上有三个圈，上绕钩住食指方向线头。

③一次性将线头钩出，一个中长针完成，上绕一圈准备重复步骤①、②。

④完成两个中长针。

⑤第三个中长针开始。

(4) 长针。

①一个链条另钩三针辫子作为第二排的边，上绕钩住食指方向线头后插入链条第四个圈中。

②随即钩出，右手钩针上有三个圈，上绕一圈随即钩出。

③余两个圈再上绕一次钩住食指方向线头钩一次，完成一个长针。

④重复步骤①、②、③，完成三个长针，第四个开始。

(5) 二绕长针。

①一个链条另钩四针辫子作为第二排的边，上绕二圈钩住食指方向线头后插入链条第五个圈中。

②随即钩出，右手钩针上有四个圈，上绕一圈随即钩出两圈。

③右手钩针余三个圈。上绕一圈随即钩出两圈。右手针上余三个圈，仍在前两个圈钩出。右手钩针余两个圈，上绕一圈随即钩出，完成一个二绕长针。

④重复步骤①、②、③，四个二绕长针完成，第五个开始。

(6) 三绕长针。

①一个链条另钩五针辫子作为第二排的边，上绕三圈钩住食指方向线头后插入链条第六个圈中。

②从链条钩出后右手钩针上共五个圈，每次钩出前两个圈，共四次钩完。

③一个三绕长针完成，第二个三绕长针开始。重复步骤①、②。

④四个三绕长针完成，第五个三绕长针开始，依此类推前面的动作。

2. 羊毛衫钩针步骤与符号表示法二（附录13 毛衫钩针步骤与符号表示法二）

(1) 波浪针。

①一个链条另钩一针辫子作为竖的锁针，之后5针辫子在链条的第5针上钩出短针成第一个波浪。

②再钩5针辫子，在链条上隔3针辫子，即波浪针结束后的第4针上钩短针，成为第二个波浪针，也叫竖锁1针。

③钩到边上翻过来钩5针后，在最后一个波浪针顶端钩短针。

④循环5针辫子，竖锁1针，完成第二排波浪针钩法。

⑤再次到边缘时钩2针辫子之后，钩中长针作为立柱。反过来第三排开始。关于任何立

柱，长短以钩花需要确定中长针、长针或二绕长针，还是三绕长针，学会调整工艺。

（2）圆形针。

①绕两圈后左手捏住线圈。

②钩针插入圈中将左食指方向线头从圈中钩出，再上绕钩针从圈中出。

③一个短针完成，绕圈重复短针动作。

④完成5个短针。

⑤钩针插入第一个和第二个短针之间后锁住圆形。

（3）枣形针。

①一个链条上钩长针余两个圈时，右手钩针再插入第一个长针插的圈内，钩出有三个圈，收前两个圈剩两个圈在针上。

②重复两次，右手钩针上共有四个圈，向上绕准备一次性从所有圈中钩出。

③钩出后就成枣形针了，再钩几个辫子可以钩出第二个枣形针。

（4）狗牙针。

①一个链条上钩一排短针后，钩三针辫子。

②在第二针辫子中钩短针，即完成一个狗牙。向前钩2针短针后重复第一个狗牙的动作，依此类推。

（5）松叶针。一个链条上钩四针辫子作为松叶立柱，连续在第五针链条中钩5个长针，向前四针辫子中钩短针合拢一个松叶，再隔四针辫子做第二个松叶立柱，其后重复第一个松叶步骤。

（6）贝壳针。

①一个链条上，钩两个长针隔一个辫子后，再钩两个长针即一个贝壳完成。两贝壳间隔3针。

②在钩第二排时，四个长针形成的贝壳针插在上一排四个长针之间。

（二）条带花的制作工艺与应用设计

1. 条带花的制作步骤（图7－20）

（1）条带花是先钩一条辫子边，一个单元是6针，循环多少是根据装饰位置长度而定。这里是7个单元，即42针辫子，边另加1针，总共43针辫子。

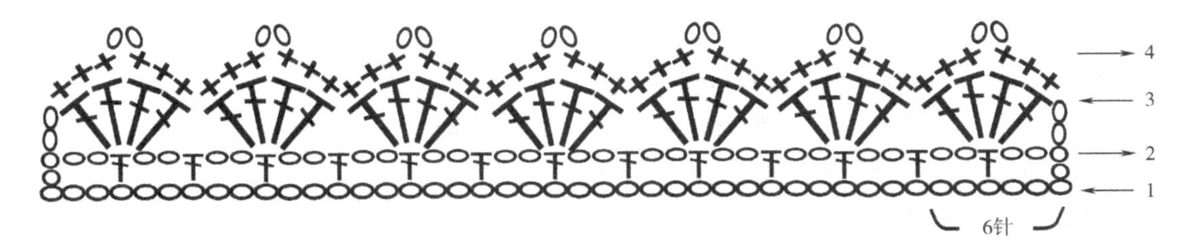

图7－20　条带花工艺符号图

关于边针数，一般情况下，短针时钩1针辫子，长针时钩2针辫子，二绕长针时钩3针辫子，三绕长针时钩4针辫子。

（2）由于长针时钩2针辫子，所以这一步边针仍然是2针，每一单元两个辫子中一个长针。

（3）两个辫子后四个长针构成扇形，七个扇形，还是两个辫子结束第三步。

（4）3针短针、2个辫子再3针短针，一个单元结束，重复直至完成第四步。

2. 条带花应用设计

如图7－21所示为胸前条带花设计。条带花通常应用在羊毛衫领口、胸前、门襟、袖口等部位。条带花总开针数根据应用位置长度来决定，先测量单元针数的长度（cm），总长度（cm）除以单元（cm），如果是整除，两侧都应设计半个花，两边各自另加一针边针，如此设计连续性效果好。

更重要的是在长度有限时，单元针数宁少勿多，有细腻、精致的艺术效果，若单元针数多，疏密配置得当，也尽显浪漫风韵，如图7－22所示。

构成条带宽度是排数，纱线柔软时，排数少即形成窄条带花，纱线粗则构成宽条带花。设计都要根据款式造型需求考虑，总之，以疏密有致、大小相间、起伏变幻为设计总原则。

图7－21 胸前条带花设计

图7－22 门襟条带花应用设计

（三）圆花、方花的制作工艺与应用设计

圆花、方花都是钩4、5针辫子围成圆形针，然后顺着圆形层层按钩花符号钩出圆形花。方花所不同的是在圆形四个角扩展即成方形，具体钩法如下。

1. 圆形花的制作步骤（图7－23）

（1）第一圈。6针辫子后用锁针形成第一圈圆形。锁针符号是一个实心点。

（2）第二圈。3个辫子针作为长针的一个立柱，再钩23个长针后钩锁针，合拢共24个立柱。锁针是指钩针最后一个立柱和第一个立柱圈缝隙中插入，连同右手上针圈一起钩出。

（3）第三圈。一个辫子后短针钩在第一圈的第一个辫子立柱上，5针辫子后再一个短针钩在隔一个长针立柱上，依此类推共钩 11 个，第 12 个先钩 2 针辫子再一个长针于开始的辫子和短针之间。

（4）第四圈。3 针辫子后，四个长针钩在第 12 个波浪圈后半圈内，短针钩在第一个波浪圈中心，形成半个大花瓣。一个花辫是 9 个长针和 1 个短针，再循环至第 6 个花辫中心锁针结束第四圈。

（5）第五圈。1 个辫子后的短针固定在上一圈第六个花瓣中心，6 针辫子后钩长针于上一圈两花瓣间的短针上，再 6 针辫子后钩长针于大花瓣顶，循环 11 次，最后 3 针辫子和一个长针结束，共形成 12 个波浪针。

（6）第六圈。钩法与第五圈同，波浪辫子 8 个，短针固定在上一圈波浪中心，循环 12 次，锁针在辫子与短针之间，结束全花的钩制。

(a)　(b)

图 7－23　圆花、方花符号图

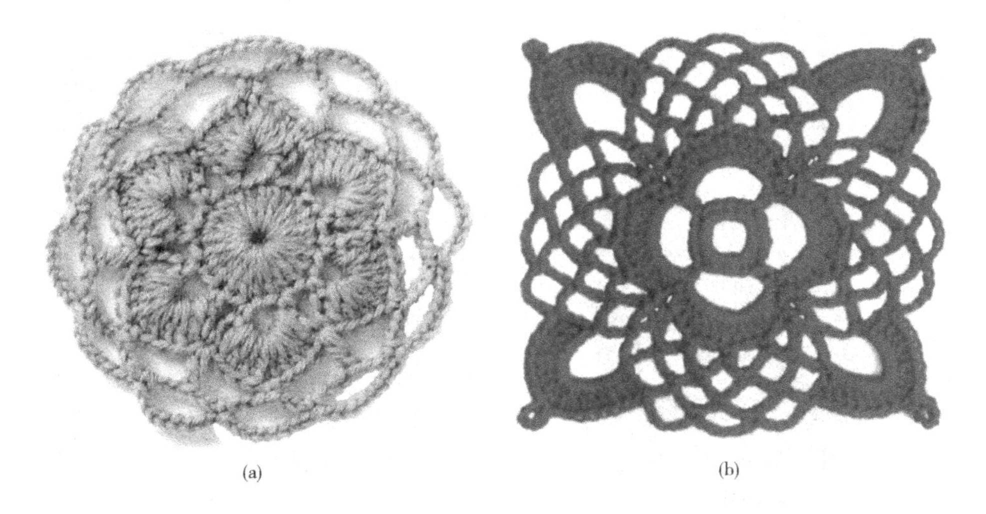

(a)　(b)

图 7－24　圆花、方花成品图

2. 方形花的制作步骤（图7-23）

（1）第一圈。10针辫子后用锁针形成第一圈方形。

（2）第二圈。一个辫子后20个短针，锁针在上一圈辫子与短针之间。

（3）第三圈。一个辫子后，短针钩在第二圈的第一针上，9个辫子针后短针钩在第二圈第六个短针上，形成五针一个单元，实际两短针间隔4针。依此类推，共钩四个单元，锁针在上一圈辫子和短针之间。

（4）第四圈。一个辫子后一个短针，一个中长针，11个长针后，再一个中长针和一个短针，钩在上一圈第一个单元结束的短针上，循环四次后锁针在起始的辫子和短针间，结束第四圈。

（5）第五圈。一个辫子后一个短针钩在中长针上，5针辫子再隔2个长针钩短针，

形成波浪针，依此类推完成19个辫子波浪圈，第20个波浪针是先钩2针辫子后，一个长针锁在上一圈第一个短针上，完成第五圈。

（6）第六圈。仍然5针辫子后短针钩在上一圈波浪的中心。

（7）第七圈。9个辫子后1个短针钩在上一波浪圈中心，5针辫子后一个短针钩住上一圈中心，重复以上动作三次，第四单元的第4个波浪，先钩2针辫子再一个长针锁针完成第七圈。

（8）第八圈。8个长针后5辫子形成半个花瓣，再8个长针，短针钩在上一圈的中心，形成1个大换班。再5个辫子和一个短针循环三次，这是一个单元，共重复四次锁针与上一圈长针后结束方花。

3. 方形花、圆形花的应用设计

方形花应用设计多样化，既能独立于领、袖、摆，如图7-25所示巧妙嵌入方花，成为整件羊毛衫的耀眼点；也可连续用于底摆部位，如图7-26所示。圆花设计成竖排应用在前胸，色彩呈现三个层次变化，别出心裁，如图7-27所示。

图7-25　方花独立应用设计

图7-26　方花连续应用于底摆

（四）立体自然花的制作工艺与应用设计

1. 立体花的制作步骤（附录13 毛衫钩针步骤与符号表示法二）

立体花是指外轮廓与自然花卉相仿的立体型钩花。立体花由三层或四层组合（图7－28）。下面分步讲解。

（1）四叶花钩法（图7－28）。四叶花右侧括号内第1个数表示第一圈，横线后表示辫子数量。

①第一圈。5个辫子围合成一个圈。

②第二圈。钩3个辫子作为立柱，接着钩2个二绕长针，再钩3个辫子为花叶尖，之后2个二绕长针和3个辫子为一片花瓣。重复三次。

③第三圈。钩3个辫子躲在四个花叶后面作为下一圈的内茎，仍重复三次，共4条线。

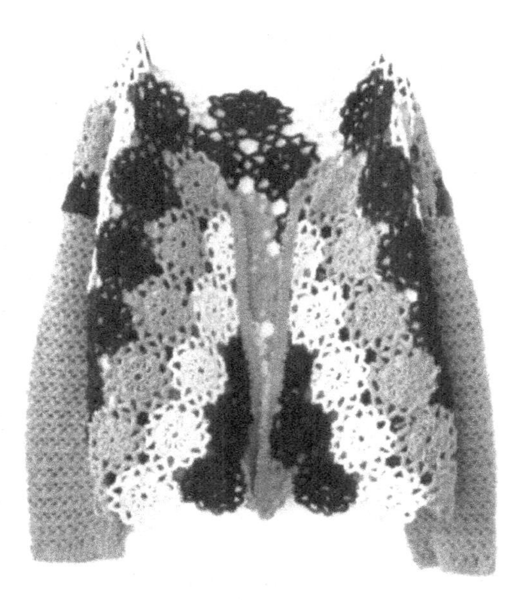

图7－27　圆花在胸前装饰

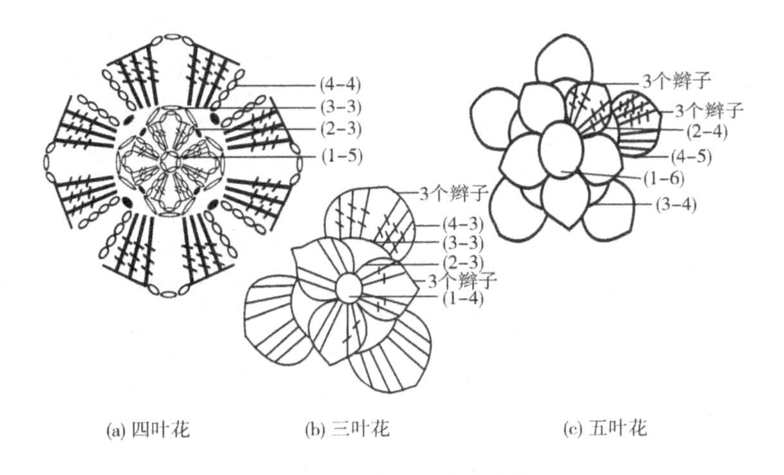

(a) 四叶花　(b) 三叶花　(c) 五叶花

图7－28　立体自然花的符号图

④第四圈。钩4个辫子立柱，3个三绕长针，隔3个辫子再3个三绕长针和4个辫子都插在第三圈里完成一个大花瓣，如此循环三次，锁针结束四叶花。

（2）三叶花钩法（图7－28）。三叶花钩与四叶花所不同的是第一圈4个辫子针，第二圈3个辫子针作为立柱和两个长针相配为半个花瓣，第4圈是3个辫子与3个二绕长针形成半个花瓣。

（3）五叶花钩法（图7－28）。五叶花钩与四叶花所不同的是第一圈是6个辫子针，第二圈4辫子立柱与两个二绕长针为半个花，第三圈是4个辫子针作为内茎，第四圈是5个辫子针与3个三绕长针为半个花瓣。

（4）叶子的钩法。花叶的钩法与步骤如图7－29所示。

①第一排。先钩15个辫子作为叶的中心茎。

②第二排。1个辫子后1个短针，1个辫子1个长针，1个辫子1个二绕长针，反复4次，1个辫子1个长针，1个辫子和1个短针。锁针形成半个叶。

③第三排。另半个叶子与第三排相同。所谓锁针是针插在叶筋的交接点上。

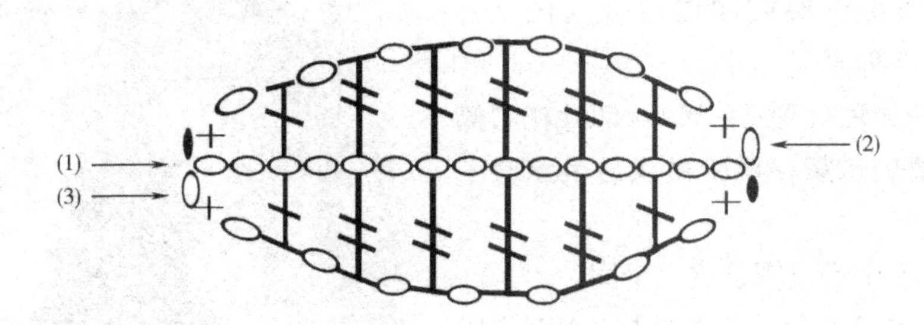

图7-29 花叶的钩法与步骤

2. 立体自然花的应用设计（图7-30）

图7-30 立体自然花应用设计

立体花通常应用于羊毛衫胸前或衫的底摆部位，自由排列，集散有序，如图7-31所示。立体花的周围衬托镂空，工艺性更强，如图7-32所示，属于女性味十足的设计。立体花布局设计采用不对称手法，独立右肩有立体钩花，色彩上应用玫红翠绿色，如图7-33所示立体花均衡设计，动感非常、彰显时尚前卫。

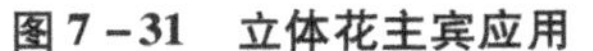

图7－31　立体花主宾应用　　图7－32　立体花的工艺美感　　图7－33　立体花均衡设计

第三节　织边、织带的做花工艺设计

织边、织带是指先在横机上编织成带状，下机后再做花或边饰的装饰工艺。其工艺过程不同于手工缝花，艺术造型效果也截然不同，下面介绍几种常见的织边、织带的制作工艺。

一、柳条花边的制作工艺与应用设计

1. 柳条花边的制作步骤

（1）准备工作。排斜角一针，根据线粗细而定字码，约12刻度左右，针数如图7－34所示。

（2）上梳。黑纱线1×1罗纹起口，机头在左。

（3）空转。2、4起针三角关，机头到右换红纱线，机头返回左，空转完成。

（4）双面集圈。将1、3弯纱三角字码上抬到刻度3不脱圈位置。循环8～10转约2cm高度。

（5）平摇。将后针板的线圈翻到前针板后，拉2转纬平针（单边），间纱落片。

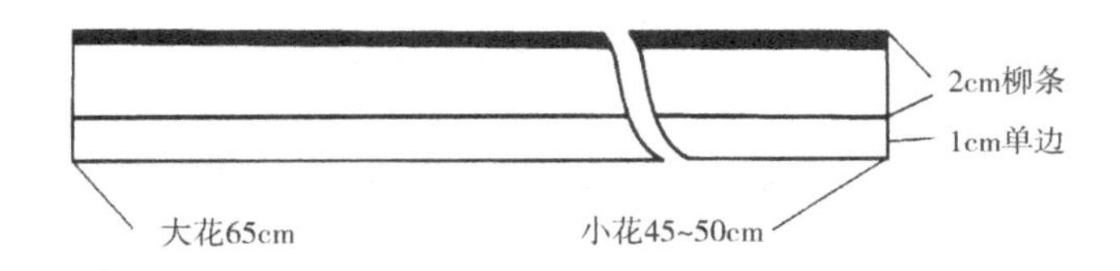

图7－34　柳条花尺寸图

2. 柳条花的应用设计 柳条花是双面集圈与纬平针组织结合织成的条带。双面集圈线圈起伏大，幅面宽，适宜做花，纬平针薄且幅面窄适合旋转后缝花所用。起口常用深色，旋转后增强花形的立体艺术效果，再缝一些亮珠子效果更好，如图7－35所示。

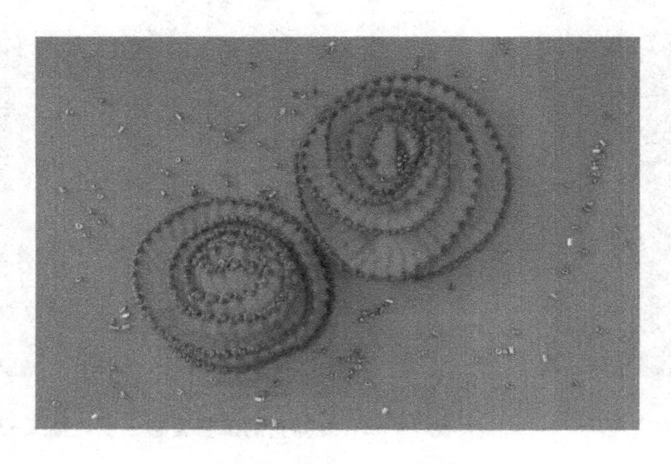

图7－35 柳条花的应用设计

二、平针花边的制作工艺与设计

1. 平针花边的制作步骤

（1）间纱起口，30cm的开针数，一横列黑纱后约2.5cm的绿纱，间纱2转落片，如图7－36所示下面是一条花带。

（2）黑纱用黑色在缝合机上锁边，拆掉间纱为花的边缘，绿纱一边用绿色在缝合机上锁边，拆掉间纱，如图7－36所示，右面是平针花完成效果图。

（3）间纱起口，20cm的开针数，约1.8cm的转数，再间纱，循环三次织3条间纱落片，黑色锁边作为花穗。

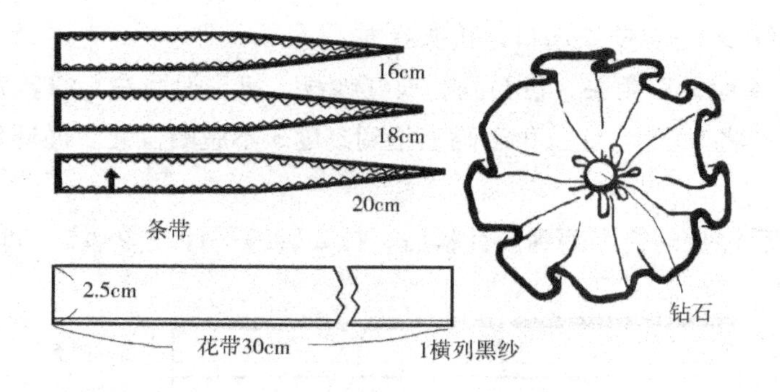

图7－36 平针花边的平面图与尺寸

2. 平针花边的应用设计 平针花是织成纬平针组织的条带，再旋转缝合成的花形。常配深色起口，旋转后形成立体效果，如图7－37所示。还有直接镶在羊毛衫结构缝隙中，仍然有较好的装饰效果，如图 7－38 所示。

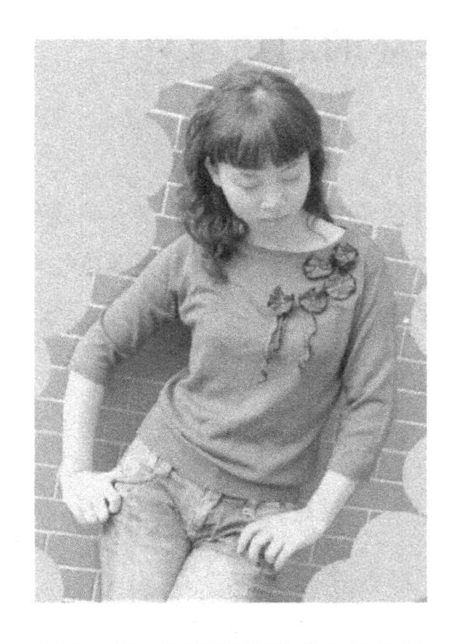

图 7－37　平针花旋转成立体效果

图 7－38　平针花镶在羊毛衫结构缝隙中

三、圆筒带的制作工艺与应用设计

圆筒带是先在 9 针圆筒机上编织若干米长的带子，通过缠绕缝制成花形。如图 7－39 所示，此款服装门襟和胸前扇形位置是圆筒带的设计案例。但前身片编织需要减除扇形的工艺计算，扇形缝合后刚好达到前片尺度，真正保障了镂空的艺术效果。

圆筒带还可以在羊毛衫领、肩、袖口、底摆绕成边饰，如图 7－40 所示。色彩采取对比色或谐调色均可。这款羊毛衫的圆筒带选用裤子色、显得更加统一而雅致。

图 7－39　圆筒花的成品图

图 7－40　圆筒带的成品图

第四节　毛皮、木珠和木环的应用设计

一、毛皮的应用设计

羊毛衫配毛皮是常用的装饰手法，获得丰富的材料视觉审美感受。图 7－41 所示为毛皮应用于领子的设计，给心理上增添了暖意，一条毛绒绒的领子保暖效果也确实好。毛皮应用在胸前的设计如图 7－42 所示，配上毛皮可谓功能与审美兼收并融，成为羊毛衫永恒的时尚设计。

图 7－41　毛皮应用于领子的设计

图 7－42　毛皮应用在胸前的设计

二、木珠和木环的应用设计

1. 小木环应用设计　如图 7－43 所示，木珠和木环给羊毛衫增添了特殊的艺术效果。小木珠应用更广泛，尤其木色更平添返璞归真的艺术魅力，图中小木珠缝在凹下的正针位置，这样的应用创造了层次感，成为整件羊毛衫吸引人的设计。

2. 大木环应用设计　如图 7－44 所示，木环应用在胸前与底摆上，与钩花互相衬托，色彩搭配娇艳颇具艺术风格。木环如此应用成为视觉焦点。

3. 金属环应用设计　如图 7－45 所示，艺术设计中减法是最难的，这款是减法中的经典作品，两个肩带通过两个环分割出三个有尖角的型，区域划分之巧妙，功能各自承担、互不妨碍，披一件外套，更显随意方便，并且金属环有现代感，使整套羊毛衫提升审美品质。

图7-43　小木珠应用

图7-44　大木环应用设计

图7-45　木环应用设计

第五节　烫钻钉珠的工艺设计

烫钻是将钻排列成具有艺术性的图案，加热烫在羊毛衫的某一部位，起到装饰作用。烫钻操作工艺简单，是羊毛衫装饰美常用的手法。

一、烫钻的制作工艺

1. 透明烫钻纸　如图7-46所示，透明烫钻是两面，一面有钻的是塑料透明材质，另一面是白纸，具有一定抗热性能。

2. 对准烫钻位置　如图7-47所示，把羊毛衫放在烫板上铺平，透明烫钻纸一面对准羊毛衫印花位置，把烫钻机板压下来，烫钻温度控制在160℃，约20s即可。

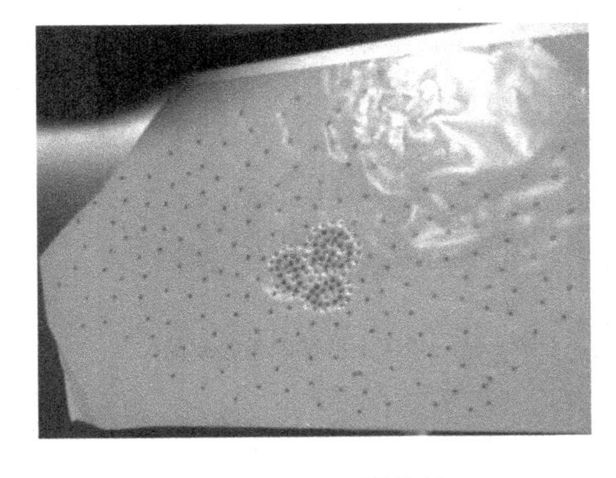

图7-46　透明烫钻纸

图7-47　对准烫钻位置

3. 打开烫板 如图7－48所示，等待自然冷却。

4. 撕下透明塑料纸 如图7－49所示，小心地撕下透明塑料纸。

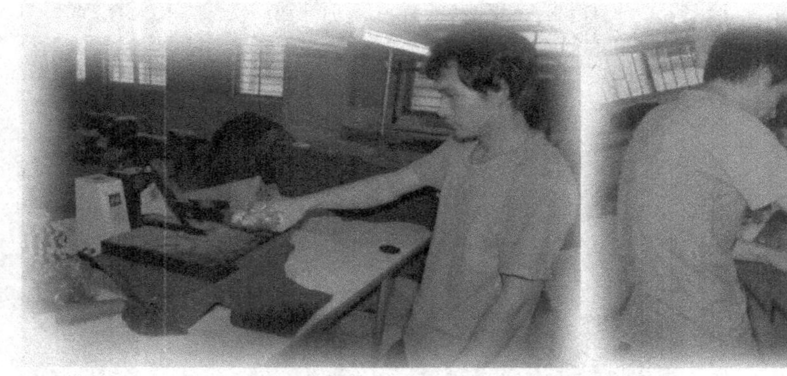

图7－48 打开烫板 图7－49 撕下透明塑料纸

二、烫钻的应用设计

1. 印花上烫钻的毛衫成品 如图7－50所示，这款成品是在印花基础上又应用烫钻的工艺。

2. 印字上烫钻的毛衫成品 如图7－51所示，现代流行印花上烫钻的工艺，印花面积较大，烫钻作为点缀，是印花很匹配的工艺。

图7－50 印花上烫钻的毛衫成品

图7－51 印字上烫钻的毛衫成品

（三）烫钻图案设计

1. 大小节奏的烫钻设计 如图7－52所示，烫钻图案设计思路是鉴于钻为小而亮的单色晶体，图案应注重多个排列后构成大小变化的线条，注重疏密有致、相互映衬的设计手法。

2. 主宾与韵律的烫钻设计 如图7－53所示，烫钻形态特殊，设计应利用这一优势，营造主宾鲜明，有韵律的图案效果，令人感受线条的优雅与美感。此款图案的点点闪耀如星星般美妙。

图7－52 大小节奏的烫钻设计

图7－53 主宾与韵律的烫钻设计

3. 渐变图案设计（图7－54） 人的视觉最适宜逐渐的变化，易获舒适、闲情的体验。反之，对比差大的形态放在一起，有刺激感。这款图案还利用黄色与绿色柔和的色调，排列出由粗向细过渡的艺术效果，成为简洁而不单调的设计。

4. 曲与直适度对比（图7－55） 对比是任何艺术创作的重要手法之一。羊毛衫图案设计也需要适度对比。此款以曲破直的对比手法，唤醒人长时间对直线条的视觉疲劳与厌倦，曲线条别出心裁，给人以审美过程中的心理满足。这点也是人的知觉以及心理的正常需求，作为设计师，抓住对比手法是至关重要的设计思路。

图7－54 渐变图案设计

图7－55 曲与直适度对比

思考与实践题

1. 尝试做毛球，单色、杂色分别做四个。
2. 流苏可长可短，根据总体设计调整尺寸制作。
3. 自己设计花卉图案的补花，再缝到女羊毛衫上。
4. 设计动物图案的补花，应用于儿童羊毛衫上。
5. 按照缝花针法，反复练习一个针法，熟练后再实践完整花型。
6. 缝花针法熟练后，练习组合并应用到羊毛衫某一部位的设计。
7. 按钩花针法，逐个熟悉，直至独立脱开针法图以钩简单的形态。
8. 尝试钩圆花、方花，注意平整。
9. 练习纬平针或柳条边的工艺操作。
10. 利用自己编结的织带，尝试新羊毛衫创意设计。
11. 尝试皮毛与款式结构有机结合的设计作品。
12. 短毛皮与长毛皮的应用设计体会。
13. 大、小木环结合应用设计两款羊毛衫。
14. 应用彩色木珠设计儿童羊毛衫。
15. 练习点钻的排列，注重点的聚、散变化。
16. 尝试大小形态钻的组合排列应用于羊毛衫图案设计。
17. 以两色钻组合排列应用于羊毛衫图案设计。

参考文献

[1] 孟家光．羊毛衫生产简明手册［M］．北京：中国纺织出版社，2002.
[2] 沈大齐．毛衫设计与编织机操作［M］．北京：中国轻工业出版社，1999.
[3] 大卫·J·斯潘舍．针织工艺概论［M］．黎国滋，孙千佛，译．北京：纺织工业出版社，1992.
[4] 龙海如．针织学［M］．2 版．北京：中国纺织出版社，2014.
[5] 杨尧栋，宋广礼．针织物组织与产品设计［M］．北京：中国纺织出版社，1998.
[6] 刘瑞璞．服装纸样设计原理与技术［M］．北京：中国纺织出版社，2005.
[7] 汉龙．实用棒针钩针花样 5688［M］．北京：中国纺织出版社，2003.
[8] 扬荣贤．横机羊毛衫生产工艺设计［M］．北京：中国纺织出版社，2008.
[9] 韩滨颖，李桂荣，魏静．现代女装原型裁剪技术［M］．北京：中国轻工业出版社，1999.
[10] 戴鸿．服装号型标准及其应用［M］．北京 ：中国纺织出版社，2004.
[11] 杨绕栋，宋广礼．针织物组织与产品设计［M］．北京：中国纺织出版社，2007.
[12] 戴维·j 斯潘塞．针织学［M］．宋广礼，李红霞，杨昆，译．北京：中国纺织出版社，1998.
[13] 丁钟复．羊毛衫生产工艺［M］．北京：中国纺织出版社，2007.
[14] 杨荣贤．横机羊毛衫生产工艺设计［M］．北京：中国纺织出版社，2008.
[15] 刘聚儒，厉莉，张晓萍．英汉服装词典［M］．北京：科学技术文献出版社，1985.
[16] 吴秉坚．英汉针织服装制造词汇［M］．香港：香港纺织业联会出版，2002.

附录1 毛衫各部位名称书面用语、行业用语及英文对照

书面用语		行业用语	英语
1	胸围	胸围	Chest (Bust) width
2	胸宽	胸阔（夹下1英寸测量）	Chestwidth (1" Below armhole)
3	身长	衫长	Body length
4	肩宽	膊阔（缝至缝）	Shoulder width (seam to seam)
6	肩斜	膊斜	Shoulder drop
7	腰高	腰长	Waist length
8	腰宽	腰阔	Waist width
9	（罗纹）底摆高	脚高	Bottom riblength
10	（罗纹）底摆宽	脚阔	Bottom rib width
11	挂肩宽（垂直测量）	夹阔（垂直度）	Armhole
12	袖长（装袖）	袖长（膊边测量）	Sleeve length (from shoulder)
13	袖长（插袖）	袖长（后中测量）	Sleeve length (from C. B)
14	袖宽	袖阔	Muscle (1" below armhole)
15	袖中宽	袖肚阔	Elbow (Forearm)
16	袖口宽	袖咀阔（袖口顶测量）	Sleevecuff width
17	袖口高	袖咀高	Sleevecuff height
18	前领深	领深（领边至缝）	Front neck drop (seam to seam)
19	领罗纹高	领贴阔	Neck trim width
20	领贴长	领条长	Neck length
21	后领宽	后领宽（缝至缝）	Back neck width (seam to seam)
22	后领深	后领深（领边至缝）	Back neck drop (HPS to seam)
23	胸贴宽	胸贴宽	Placket width
24	胸贴长	胸贴长	Placket length
25	袖尾宽	袖尾阔	Cap sleeve width
26	袋口高	袋高	Pocket length
27	袋口宽	袋阔	Pocket width
28	袋贴长	袋贴长	Pocket band length
30	袋贴宽	袋贴阔	Pocket band width
31	帽宽	帽阔	Hood width
32	帽贴宽	帽贴宽	Hood band width
	帽口高	帽口高	Hood round length
33	腰带宽	腰带阔	Belt width
34	腰带长	腰带长	Belt length
35	（罗纹）夹贴宽	（罗纹）贴高	Clamping rib width

注 HPS (highest point of shoulder) 肩高点

附录2 毛衫常用织物组织书面用语、行业用语及英文对照

	书面用语	行业用语	英语
纬平组织	纬平组织	单边	Plain stitch（Jersey stitch）
	双层纬平	圆筒	Tubular stitch
	横条间色	横间纱	Horizontal stitch（Stripe）
	双反面组织	双反面	Purl structure
	纬平变化组织	单边令士	Combination stitch
罗纹组织	单罗纹组织	1×1 坑条	half - gauge rib stitch. 1×1 rib
	双罗纹组织	2×1 坑条	Richelieu rib stitch，2×1 rib
	双罗纹组织	2×2 坑条	Broad stitch - 2×2 rib
	3×2 罗纹组织	3×2 坑条	rib stitch - 3×2 rib
	4×3 罗纹组织	4×3 坑条	rib stitch - 4×3 rib
	5×2 罗纹组织	5×2 坑条	rib stitch - 5×2 rib
	满针罗纹组织	四平	Plain rid（Double jersey）
	四平与单边复合组织	谷波	Ottoman stitch（Roll welt stitch）
纱罗组织	纱罗组织	挑花，镂空	Loop transfer stitch（Eyelet stitch）
	罗纹移圈组织	罗纹挑花	Rib loop transfer stitch
	绞花组织	扭绳，辫子	Plait cable stitch
	波纹组织	扳花、摇针	Displaced stitch（Racked stitch）
集圈组织	集圈组织（单面集圈）	胖花	Tuck stitch（raceway knit）
	畦编（双面集圈）	柳条（双元宝）	Full cardigan
	半畦编（双面的单面集圈）	珠地（单元宝）	Half cardigan，royal rib
空气层组织	罗纹空气层组织	打鸡	Double knit
	罗纹半空气层组织	三平	Half milano
提花组织	提花组织（有浮线）	有底毛 拨花	Float jacquard stitch
	双层芝麻底提花	芝麻底 拨花	Birds eye jacquard
	嵌花组织（无浮线）	挂毛	Intarsia stitch

附录3 毛衫生产工艺与工艺单书面用语、行业用语及英文对照

书面用语	行业用语	英语
针	支	Needle
根	条	Of
缝	骨（缝骨）	Seam
平针正面	单边正面	Plain knit
平针反面	单边反面	Reverse knit
正和反各一针	1坑	Rib
工艺计算	吓数计算	Technical （Knitting formula）
生产工艺单	吓数纸	Technical sheet
弯纱三角调节刻度	字码	Number of stitches
空转	圆筒（元仝）	Tubular
减针（减 幅）	收针	Narrowing
加针（扩幅）	放针	Widening
收花（移 针）	收花	Fashion mark
套针	套针	Bind off
成形	成形	Shaping
锁边	拷针（吐）	Cover stitch
暗加针	勾耳仔	Split loop filling in
明加针	明加针	Fully fashion
前针板针翻到后针板	面针过底	Face to back
前针板针向左收针	面向左收针	Face left narrowing
前针板针向右收针	面向右收针	Face right narrowing
前针板针向左加针	面向左加针	Face left widening
前针板针向右加针	面向右加针	Face right widening
前针板线圈向左移动	面针搬左．向左摇针	Face left racking
前针板线圈向右移动	面针搬右．向右摇针	Face right racking
前针板三针收为一针	面针三支拼成一针	Face three stitches in one
针板上织针位置的安排	针机板对配位置	Needle gating
编织密度	字码松紧	Knitting tightness
行	一横列	Horizontal
转（来回2行）	一专	Turn traverse
测量	度	Measurement
漏针	漏针	Drop needle
编织、成圈	编织	Knit

续表

术语	缩写	术语	缩写	术语	缩写
公斤	kg	打	DOZ	针	G
磅	LBS（lb、P）	件	PCS	根支	N
克	g	小码	S	转	K
盎司	oz	中码	M	嵌花（挂毛）	I
净重	N. W	大码	L	提花（拨花）	J
毛重	C. W	加大码	XL	单层	S
面积	M	大大码	XLL	双层	W
箱	CHS	圆筒（元仝）	F	手摇横机	H

注　LPS（英制重量单位“磅”）

Lb（重量单位“磅”英文缩写，常用）

P（Pound“磅”英文首字母，常用于工艺单）

例：074页“表4－13”中“$4P^{12}$”指4磅零12盎司的重量

078页“表4－16”中“$1P^{15}$”指1磅零15盎司的重量

附录4 毛衫设备与横机机件名称书面用语及英文对照

书面用语	英语
手动横机	Hand（v－ded） flat knitting machine
缝盘机	Dial looper（dial looping machine）
离心脱水机	Centrifugal extractor（Hydro extractor）
蒸汽烘干机	Steam drier
拼线机	Assembler
冚骨车	Covering machine（interlock machine）
锁骨车	Three thread overlock machine
锯齿缝针机、人字车	Zigzag machine
整套蒸气熨平机	Steam press（steam pressing unit）
真空抽湿熨床	Vacuum ironing table
蒸气熨斗	Steam iron
熨衣定型板	Ironing board
针钩	Needle bar
移床杆	Machine control lever
编织物	Knitted fabric
起针三角	Needle－raising cam
针锺	Needle butt
重锤	Yarn guide（thread guide） weights
导纱器导轨	Carrier bar
三角座滑架把手	Carriage handies
回复弹簧	Spring
支架	Return spring
纱线	Thread（yarn）
机架	Carcass
针床、机板	Needle bed（needle plate）
后针床	Back needle bar
前针床	Front needle bar
针道	Needle cams
后列针	Back row of needles
前列针	Front row of needles
后弯纱三角	Back Stitch cam

续表

书面用语	英语
前弯纱三角	Front Stitch cam
调整线圈刻度盘	Scale for regulating size of stitches
起口梳板	Set - up comb (cast - on comb)
舌针	Latch needle
加针、收针柄	Needle handle

附录5　毛衫纱线与附件术语书面用语及英文对照

专业用语	英语	专业用语	英语
羊绒	Cashmere	棉纱	Cotton
山羊绒	Cashmere	精纺棉	Pima Cotton
蒙古羊绒	Mongolian cashmere	55%麻、45%棉	Linen Cotton
羊驼毛	Alpaca	纯棉	Combed cotton
驼绒、骆驼毛	Camel	丝棉	Merltilsdsuool
骆驼毛、驼绒毛	Camel hair	精梳棉	Fullycomhed Cotton
雪兰毛（源自苏格兰雪特兰群岛）	Shetland	强捻棉	High twist cotton
马海毛、安哥拉山羊毛	Mohair	丝光棉	Mercerized Cotton
安哥拉羔羊毛	Kid mohair	澳洲精纺毛	Botany worsted
莫代尔纤维	modal	澳洲骡角羊毛	Australian merino
粘胶丝（人造丝）	Rayon	亚麻	linen
聚丙烯晴、人造丝	Polyacrylonitrile (Acrylic)	苎麻	Ramie
涤纶（聚酯纤维）	Polyester	柞蚕丝（野生丝）	Tussah silk
腈纶（聚丙烯晴纤维）	Acrylic	茄士咪羊绒	Kashmir (Cashmere)
氨纶（拉架）聚胺基甲酸脂弹性丝	Lycra	雪花纱、竹节花纱云彩花纱	Cloud yarn
锦纶、尼龙、聚酰胺	Nylon	山羊毛	Goat hair
70%兔、30%羊仔毛	70% Angora 30% Larbswool	羊仔毛	Lambs wool
安哥拉兔毛	Angoreen	超细羊毛	Extrafine wool
安哥拉兔毛混纺纱	Angpra - yarn	羊毛	Wollen Yarn
安哥拉精纺毛纱	Angora layette	拉链	Slide fastener (zipper)
纽扣	Button	隐形拉链	Invisible
镀金钮扣	Gilt button	双面拉链	Reversible zipper
布包钮扣	Fabric covered - button	开尾拉链	Separating zipper
包皮钮扣	Leather nub	粗齿拉链	Heavy weight zipper
脚钮（有脚钮扣）	Shank button	双封尾形拉链	Dress zipper、Closed end zipper
眼钮扣、平缝钮	Sew - through button		
工字钮、锅钉钮、铆合鈤	Tack button	封尾拉链	Conventional zipper regulation zipper

附录6 毛衫款式与领、袖型书面用语及英文对照

书面用语	英语	书面用语	英语
套头式毛衣	Pullover (Slip - on)	背心	Vests (Shell)
男式套头毛衫	Men' s pullover	针织背心	Knitted - waistcoat (Vest)
女式套头毛衫	Ladies' pullover	有钮开襟背心	Button front vest
厚羊毛套头衫	Heavy pullover	贴身背心	Jerkin (Sweater vest)
半开襟式	Halfcardigan	少女背心	Juniorsvest
开胸背心、紧身外衣	Shell jacket	罗纹背心	Rib waist
拉链开襟式	Zippercardigan	针织套衫、毛衣	sweater
T恤领毛衫	Shirt collar sweater	厚身（粗针）针织套衫	Shaker sweater
速编毛衣（粗针毛衣）	Jiffy - knit sweater (Coarse knit sweater)	男式短袖羊毛衫	Men's short - sleeved sweater
圆领半胸针织衫（源自英国泰晤士河河畔韩里街）	Henley shirt	深蓝色高领紧身羊毛衫（源自英格兰格恩西岛）	Guernsey sweater
外套式毛衣	Coat sweater	兔毛衫	Rabbit hairs sweater
水手领毛线衣	Crew sweater	无袖短毛衣	Shrink sweater
针织套装	Knitted suits	无缝套衫	Loopless sweater
针织外套	Knitted outerwear	童背心	Children' s vest
镶皮针织女外衣	Spencer sweater	羊绒披巾	Cashmere shawl
圆领	Round neck	V领	V neck
圆领、水手领	Crew neck	大翻领	Cowl neck
椭圆领、U形领	Oval neck	企领、竖领	Stand (Stand - up) collar
船领	Bateau neck (boat neck)	一字领	Off - neck (Slash neck)
西装领	Straight collar	露肩领、大一字领圈	Off - shoulder neck
荷叶领	Ruffle collar	方领	Square neck
系带领、缚带领	Tie collar	心形领	Heart shaped neck
长方形领	Oblong neck (rectangular neck)	斜叠襟领	Shawl collar (Surplice neck)
中式（唐装）领	Mandarin collar	龟领、大樽领	Turtle neck
高领	High neck	膨松樽领	Bulky turtleneck
喇叭袖	Cornet sleeves (Bell sleeves \ trumpet sleeves)	中袖（及肘袖）	Elbow sleeves (Elbow - length sleeves)
落肩袖	Dropped shoulder	灯笼袖、泡泡袖	Puff sleeves
蝙蝠袖	Batwing sleeve (Dolman sleeve)	斜插袖	Raglan sleeves
马鞍肩袖	Saddle sleeves	翼形袖	Winged sleeves

附录7 毛衫设计常用术语书面用语及英文对照

书面用语	英语	书面用语	英语
设计	design	前卫的、先进的	Advanced
设计师	Designer	新潮的	Trendy
电脑辅助设计（CAD）	Computer aided design	过时的	Up - to - date
草图	Drafted pattern	保守的	Conservative
设计草图（定）	Draught - ting paper	传统的、典型的	Classic
图样	Sketch	讲究修饰	Dandy
款式	Style	款式样本	Style book
式样	Styling	优雅型	Elegant
款式样本	Style book	运动型	Sporty
流行资讯、时尚、流行	Fashion	风格	Style
时装表演	Fashion press	简约风格	Simple style
潮流预测	Fashion forecast	形象	lmage
流行周期	Fashion cycle	形状	Shape
潮流寿命（从认识、接受、普及到没落的历程）	Fashion life	构图、轮廓描绘	Delineate
崭新潮流	High fashion	能实现服装设计意图	Apparel sample hand
灵感说明	Inspiration explain	不够理想	Less than perfect
图示、简图	Diagrammatic view	构想	Compose
产品开发	Product development	创意	Originality
市场导向	Market guiding	设计理念	Design idea
视觉导向	Vision guiding	明快	Sprightly color
试衣、适体	Fitting	沉重	Heavy color
抽象图案	Abstract pattern	花宽	Pattern width
具象图案	Actual pattern	花高	Pattern depth
植物图案	Botanic pattern	意匠图	Notation
风光图案	Landscape pattern	平面图	Ichnography
动物图案	Animal pattern	背面图	Dorsal
卡通图案	Cartoon pattern	侧面图	Lateral view
织片设计	Fabric design	横密	Wales per horizontal unit length
织片规格	Fabric specification	纵密	Wales per vertical unit length
织片小样	Knit - down	几何图案	Geometric pattern
单独花纹	Independent pattern	局部有花	Partial pattern
连续花纹	Continuous pattern	花纹上下呼应	Corresponding pattern
错落有致	Well - proportioned	中心有花	Centered pattern

附录8　毛衫常用色彩书面用语及英文对照

书面用语	英语	书面用语	英语
颜色	Colour	浅绿色	Absinthe Green
红色（大红）	Red	绿色	Green
杏红色（酒红色）	Wine	草绿	Grass green
粉红、玫瑰色	Pink	翠（碧）绿色	Aquamarine
夕阳红色	Sunset red	橄榄绿	Olive green
桃红色	cyclamen	墨绿色	Forest
草莓红	Strawberry	浅蓝色	Light blue
桃色	Peach	天蓝	Sky blue
枣色	Date red	彩蓝色（湖蓝）	Lake blue
深枣红色	Berry	蓝色	Blue
暗红色	Raspberry	海蓝色	Sea blue
淡粉红	Blossom（pink）	深宝蓝色（锢蓝）	Nary
紫红色、晚樱红	fuschia	深蓝（普蓝色）	Dark blue
浅橙色	Light orange	灰蓝色	Grey blue
橙色	Orange	淡紫色、丁香紫	lilac
浅灰棕色	biscuit	紫色	Purple
驼色（赭石）	ochre	酒红（葡萄、深紫红色）	Bordeaux（claret）
咖啡色	coffee	深紫色	Dark purple
棕色、褐色	Brown	雪白色	Snow white
肉色（虾肉）	Musk	漂白色	White
浅黄色	Light yellow	象牙白色	Ivory
香蕉黄	banana	白色 纯白	Clear white
介黄色（姜黄）	Ginger	奶白色	Cream
米黄色（香槟酒黄）	champagne	米白色	Ecru
土黄色（泥色）	Muddy color	银色	Silver
芥末黄	Mustard	中灰色（浅）	M GREY
本色、米色、浅灰黄	beige	灰色（深）	Dark chacoal
金色	golden	雾灰色	Mist（grey）
纯度	purity	燻黑色	Soot black
纯色	Pure color	黑色（克色）	Black
饱和度	saturation	对比色	Contrasting color
明度	Value（lightness or darkness）	强烈颜色	Intense colour
明暗对比	Light and shade contrast	近似颜色	Similar colour
冷色	Cool colour	浅色	Light colour
暖色	Warm colour	深色	Intense colour

附录9 毛衫工艺单中的有关单位换算

一、英寸与分的换算（正文中1/8表示1分，1－2/8英寸＝1.25英寸，依此类推）

1分＝0.125英寸	2分＝0.25英寸	3分＝0.375英寸
4分＝0.5英寸	5分＝0.625英寸	6分＝0.75英寸
7分＝0.875英寸	8分＝1英寸	

二、重量的有关换算

1公斤＝2市斤	1市斤＝1.1磅	
1公斤＝1kg	1市斤＝500g	
1磅＝0.9072市斤	1磅＝0.4536kg	
1磅＝16盎司＝0.4536kg		
1盎司＝28.3495g	1g＝0.03524盎司	

三、磅与盎司的换算

1盎司＝0.0625磅	2盎司＝0.125磅	3盎司＝0.1875磅
4盎司＝0.25磅	5盎司＝0.3125磅	6盎司＝0.375磅
7盎司＝0.4375磅	8盎司＝0.5磅	9盎司＝0.5625磅
10盎司＝0.625磅	11盎司＝0.6875磅	12盎司＝0.75磅
13盎司＝0.8125磅	14盎司＝0.875磅	15盎司＝0.9375磅
16盎司＝1磅		

附录 10　罗纹排针方式一览表

<table>
<tr><th colspan="3">名称</th><th>排针方式</th><th>排针图示</th><th>备注</th></tr>
<tr><td rowspan="4">1×1
罗纹</td><td rowspan="3">1.5G～
7G</td><td>衫前片</td><td>前针床比后针床多 1 针
（俗称：面 1 支包）</td><td>| O | O |
| O | O | O |</td><td rowspan="3">适合起口单数缝半针、缝 1 针或 2 针的排针法</td></tr>
<tr><td>衫后片</td><td>后针床比前针床多 1 针
（俗称：底 1 支包）</td><td>| O | O | O |
| O | O |</td></tr>
<tr><td>袖片</td><td>前针床机头多 1 针
后针床机尾多 1 针
（俗称：斜角 1 支）</td><td>| O | O | O |
| O | O | O |</td></tr>
<tr><td>9G～
18G</td><td>衫前片、
衫后片
袖片</td><td>前针床机头少 1 针
后针床机尾少 1 针
（俗称：斜角 1 支）</td><td>| O | O | O |
| O | O | O |</td><td>适合起口双数缝 1 针或 2 针的排针法</td></tr>
<tr><td rowspan="4">2×1
罗纹</td><td rowspan="3">1.5G～
7G</td><td>衫前片</td><td>前针床比后针床多 1 针
（俗称：面 1 支包）</td><td>| | O | | O | |
| O | | O | | O |</td><td rowspan="3">适合缝 1 针的排针法，总开针数除以 3，得到整除时做面 1 支包；
总开针数除以 3，余 1 支时做底 1 支包；
总开针数除以 3，余 2 支时做斜角，袖片斜角或面 1 包</td></tr>
<tr><td>衫后片</td><td>后针床比前针床多 1 针
（俗称：底 1 支包）</td><td>| O | | O | | O |
| | O | | O | |</td></tr>
<tr><td>衫袖片</td><td>前针床机头多 1 针
后针床机尾多 1 针
（俗称：斜角 1 支）</td><td>| | O | | O |
| O | | O | |</td></tr>
<tr><td>9G～
18G</td><td>衫前片
衫后片
袖片</td><td>后针床机头多 1 针
前针床机尾多 1 针
（俗称：斜角 2 支）</td><td>| O | | O | |
| | O | | O |</td><td>适合缝 2 针的排针法，前、后、袖都做斜角</td></tr>
</table>

附录11　毛衫常用组织线圈结构与符号及编织图示一览表

组织	符号说明	线圈结构图	意匠图	编织示意图
纬平组织	单边正面	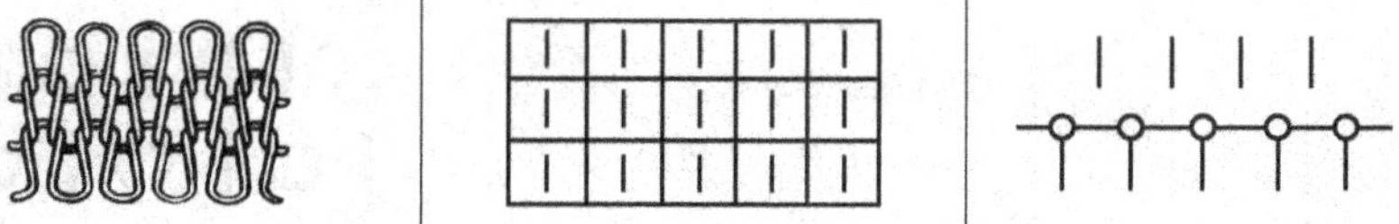		
	单边反面	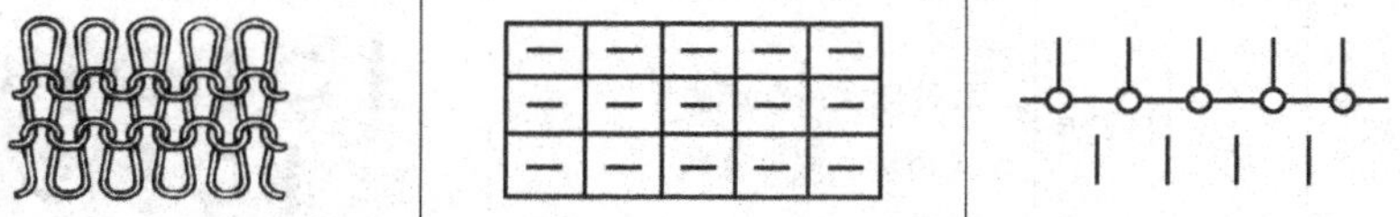		
罗纹组织	1+1罗纹	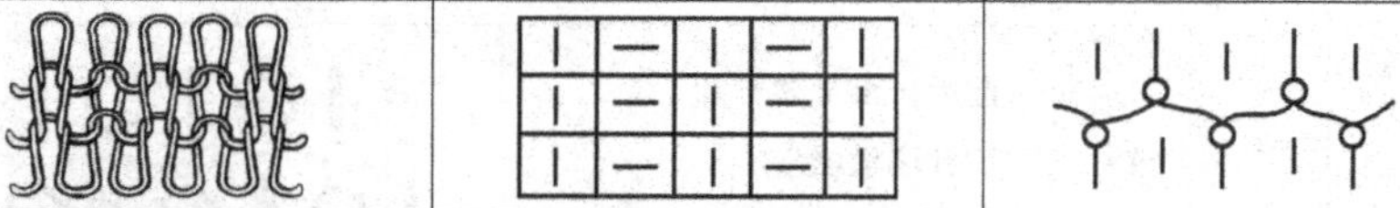		
	2+1罗纹	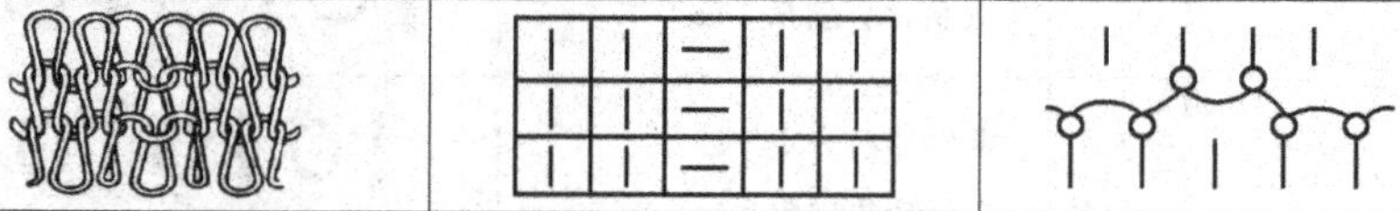		
	2+2罗纹	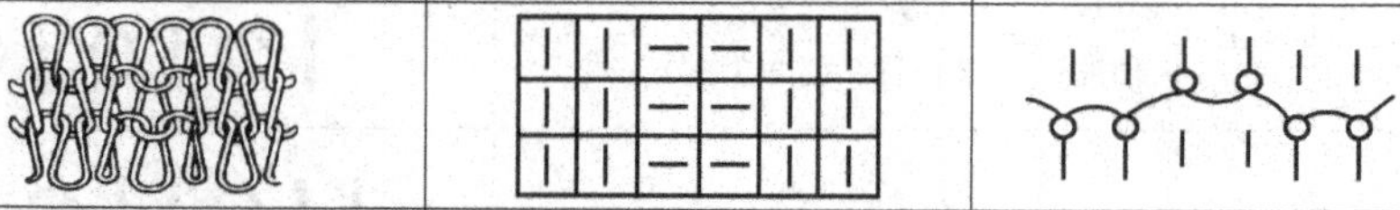		
	3+2罗纹	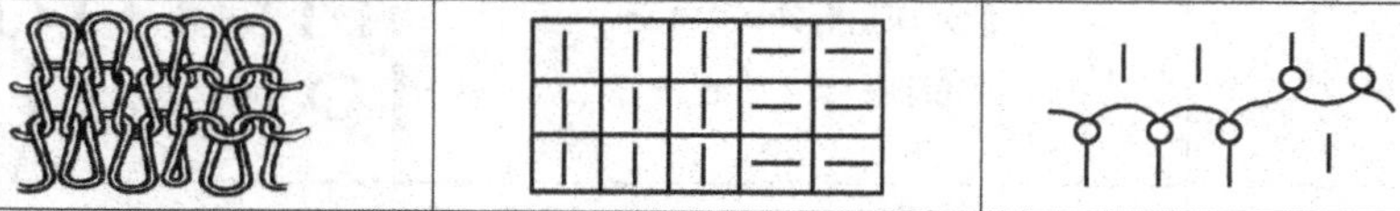		
移圈组织	向右移圈	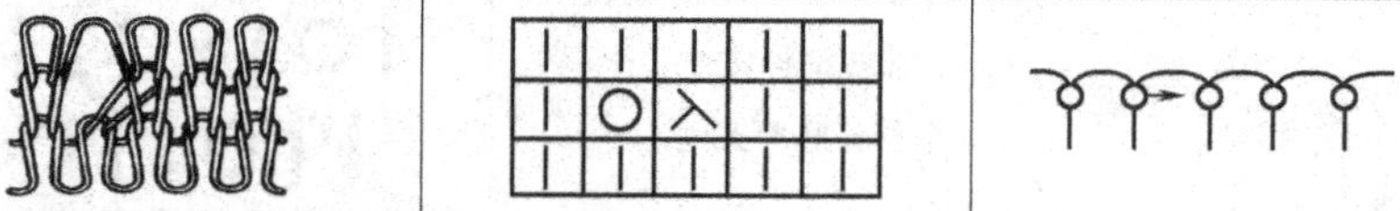		
	向左移圈	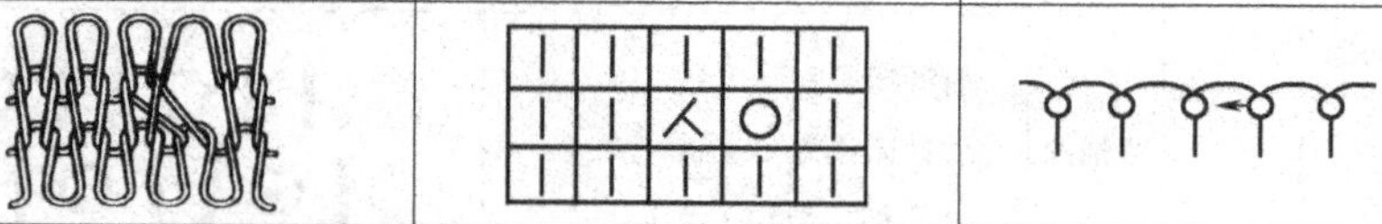		
	向右整列移圈	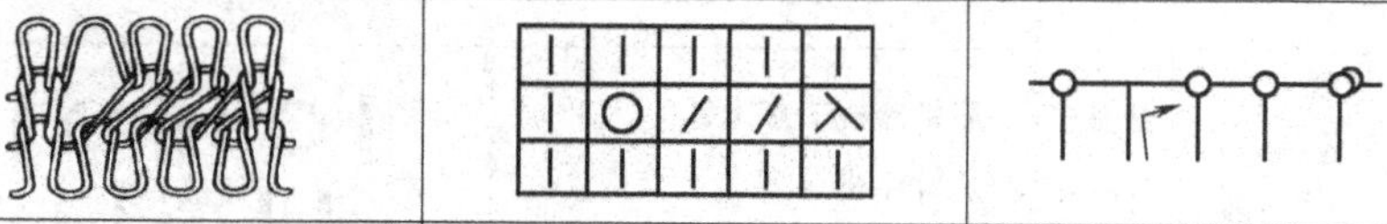		
	向左整列移圈	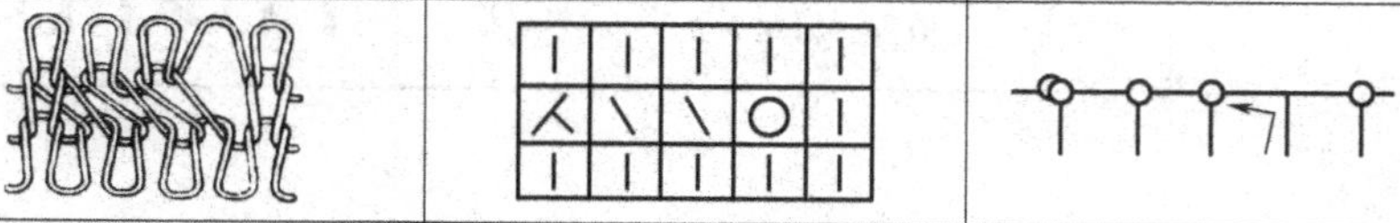		
	中前三圈重合	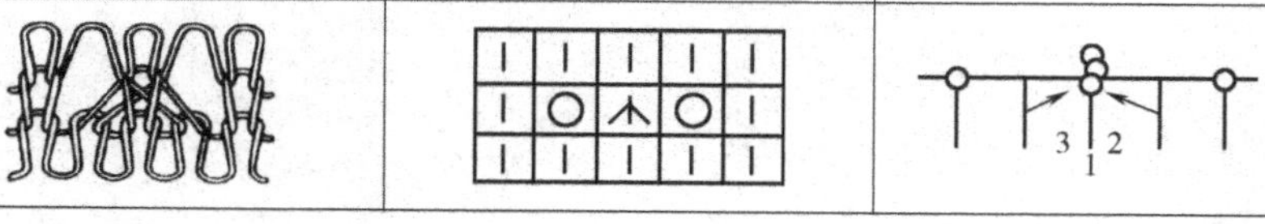		3 1 2

续表

组织	符号说明	线圈结构图	意匠图	编织示意图
移圈组织	右前三圈重合	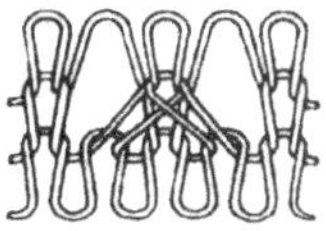	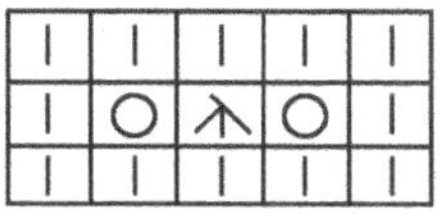	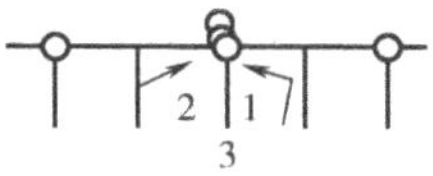 2 1 3
	左前三圈重合	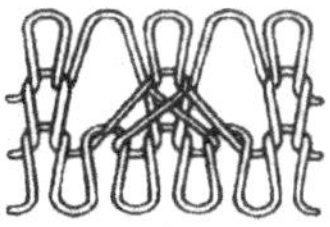	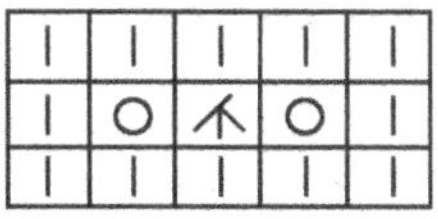	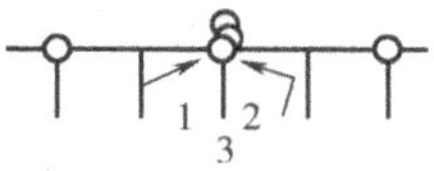 1 2 3
	右绞	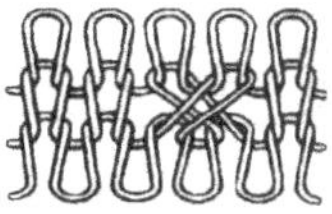	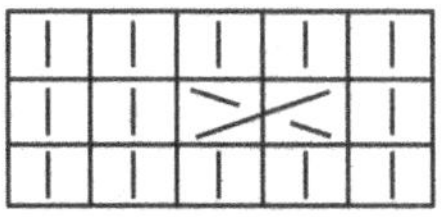	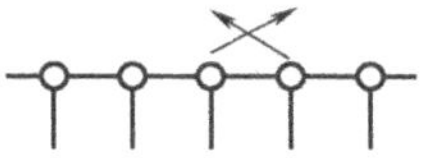
	左绞		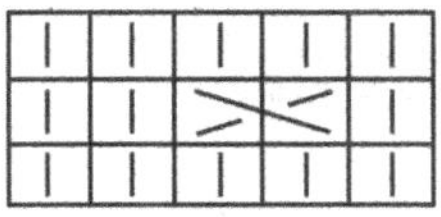	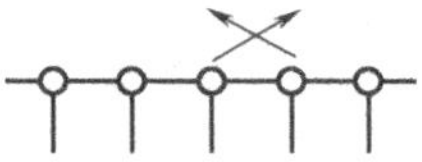
	右双绞	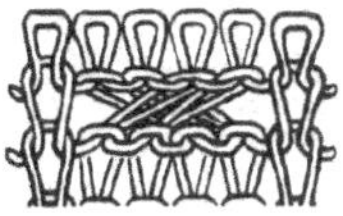	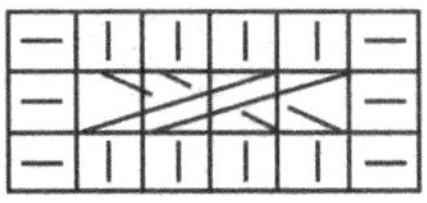	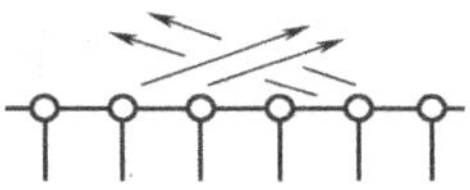
	左双绞	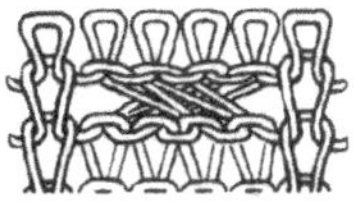	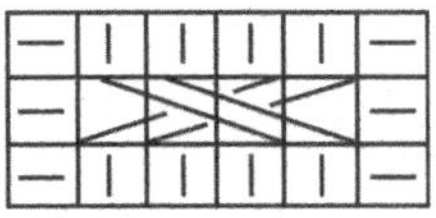	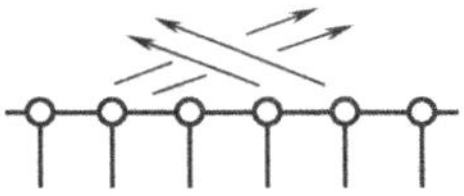
集圈波纹组织	前针床集圈	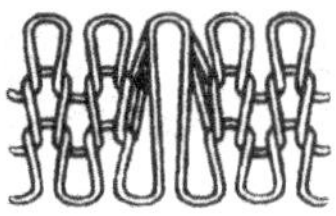	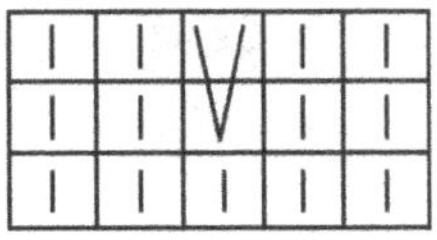	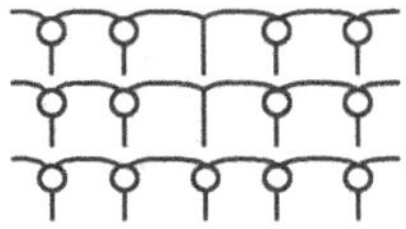
	后针床集圈	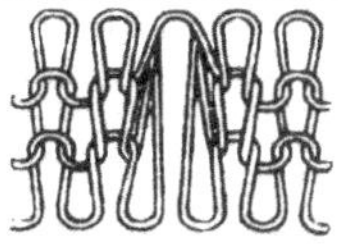	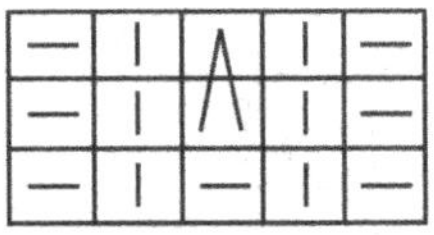	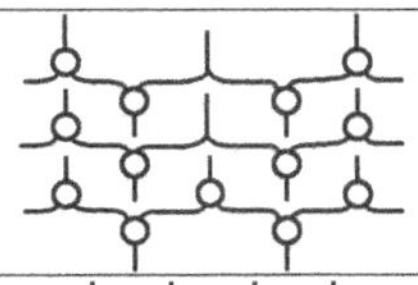
	左扳 右板	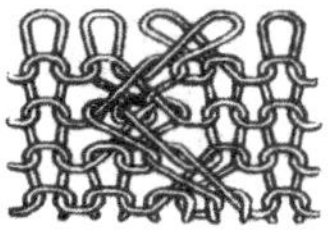	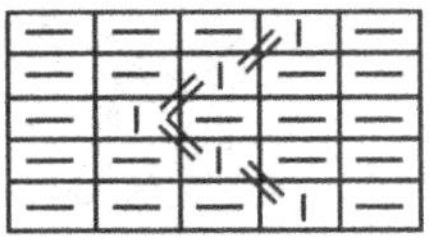	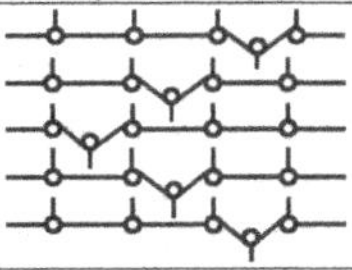
提花组织	主色	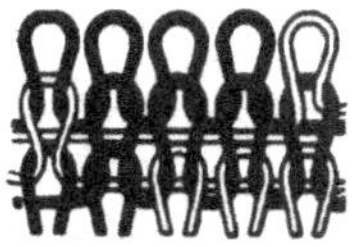	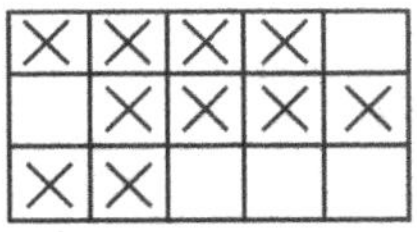	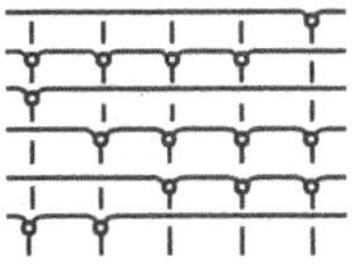
	左轮回 右轮回	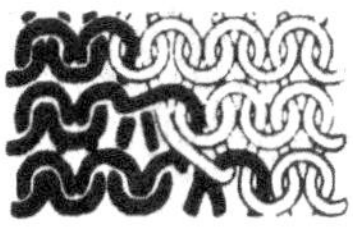	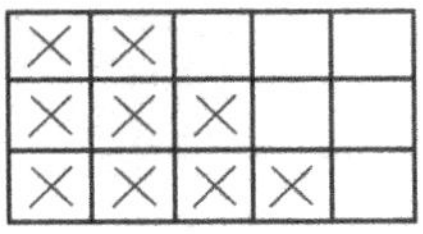	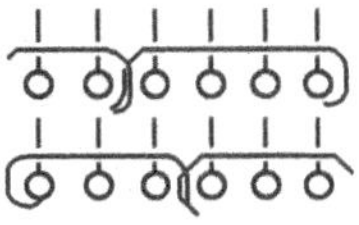

附录12 毛衫钩针步骤与符号表示法一

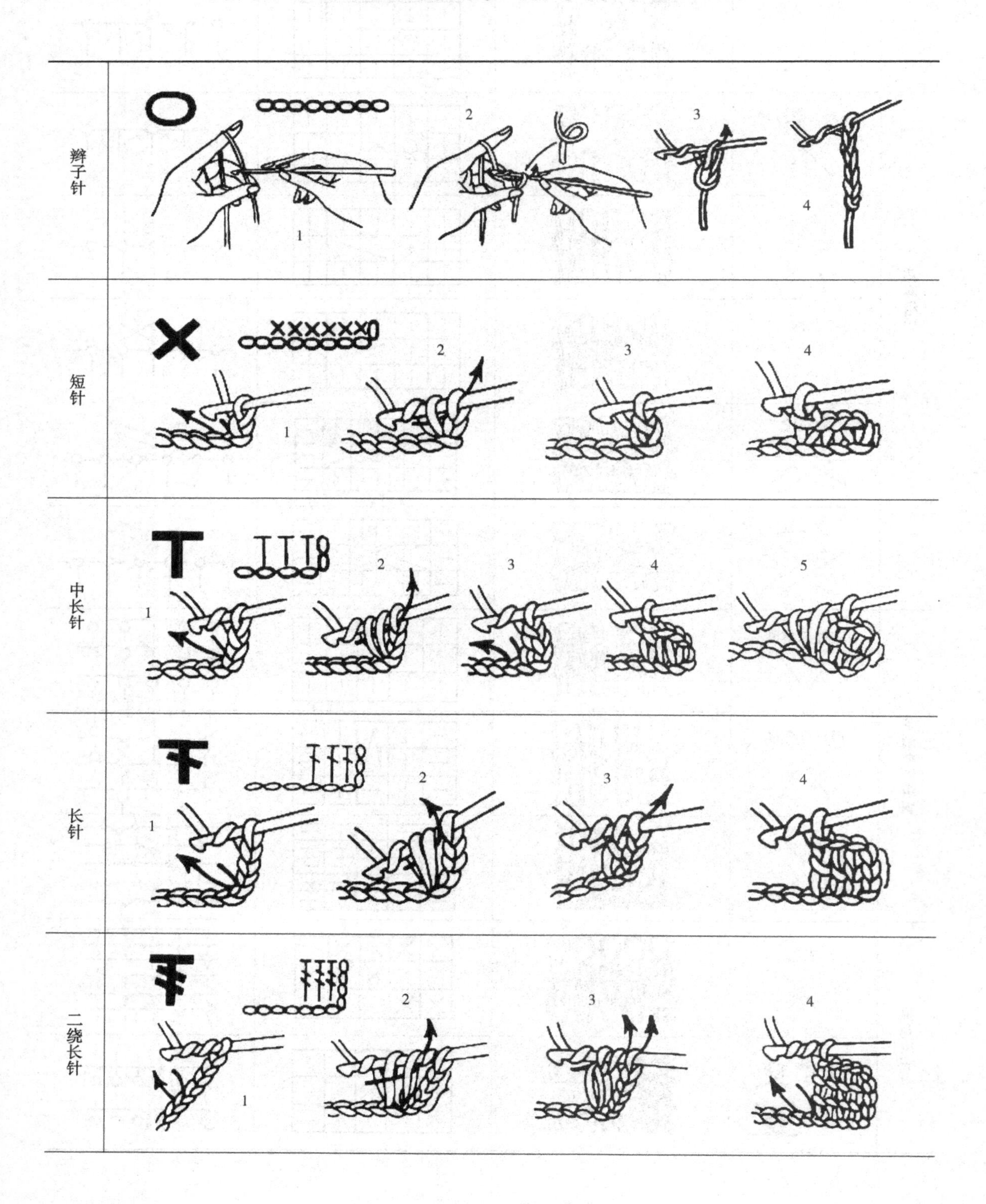

续表

三绕长针	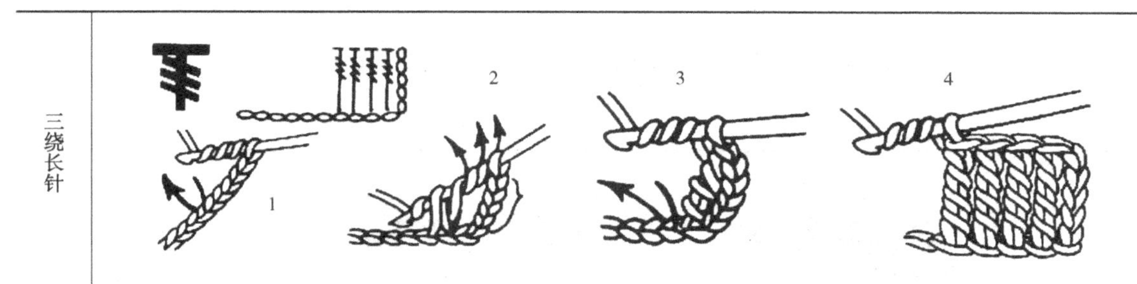

附录13　毛衫钩针步骤与符号表示法二

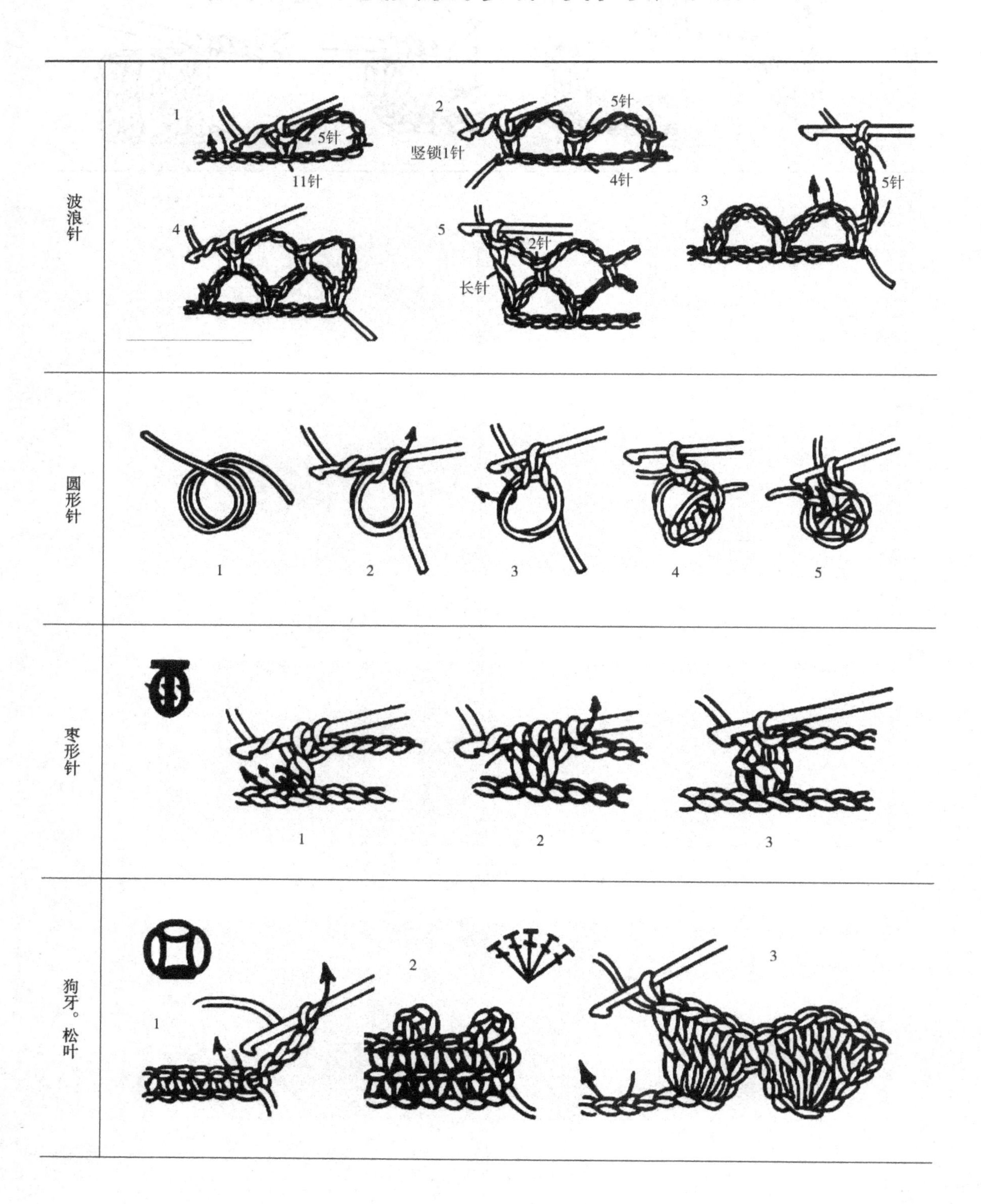

续表

贝壳针	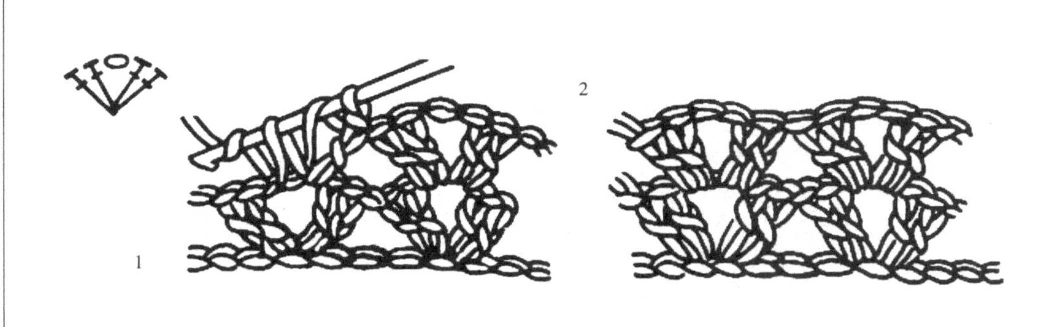